온천,
천탕천색의
매력에
몸을 담그다

온천,
천탕천색의
매력에
몸을 담그다

_ 온천소믈리에가 들려주는 온천 과학

초판 1쇄 발행 2021년 3월 10일

지은이 이은주
펴낸이 이원중

펴낸곳 지성사 **출판등록일** 1993년 12월 9일 **등록번호** 제10-916호
주소 (03458) 서울시 은평구 진흥로 68(녹번동) 2층(북측)
전화 (02) 335-5494 **팩스** (02) 335-5496
홈페이지 www.jisungsa.co.kr **이메일** jisungsa@hanmail.net

ISBN 978-89-7889-460-9 (03450)

잘못된 책은 바꾸어드립니다. 책값은 뒤표지에 있습니다.

온천소믈리에가
들려주는
온천 과학

온천,
천탕천색의
매력에
몸을 담그다

이은주 지음

지성사

들어가는 글

온천溫泉 하면, 따뜻한 김이 올라오는 맑은 온천수와 신선한 공기, 그리고 편안한 마음과 느긋한 여유가 그려진다.

바쁜 일상에서 벗어나 온천으로 출발하는 그 순간부터 온천은 시작된다. 온천으로 나서는 길은 언제나 설렌다. 모르는 온천은 호기심으로, 아는 온천은 안부가 궁금하여 온천 가는 길은 언제나 좋다.

그렇게 온천, 참 많이 했다.

국내외로 정말 좋다 하는 수많은 온천지를 다녔다.

그래서 '이 좋은 온천을 많은 사람에게 알릴 수 있도록 책으로 엮어보자'고 생각했다. 혼자만 알기에는 너무 아까운 온천을 모두와 함께 나누고자 하는 것이 이 책의 시작이었다.

온천은 물마다 다양한 느낌이 있다.

온천은 천탕천색千湯千色이다.

'와! 온천물이 진짜 보들보들하고 폭신폭신 촉감이 좋구나. 이유가 뭘까?' '야! 이 온천도 지난번 온천처럼 뼛속까지 시원하네. 두 온천에는 어떤 공통된 성분이 있는 거지?'

이처럼 다양한 느낌을 자아내는 요인이 무엇인지 알고 싶었다.

또한 색다른 온천들을 만나면 '왜 이런 색깔을 띠지?' '이런 신기한 색깔은 무엇 때문일까?' '왜 이런 맛이 나지?' '이 물은 언제, 어디서, 어떻게 만들어진 걸까?', 그리고 무엇보다 '내 몸에 어떤 영향을 끼칠까?' 등등 많은 온천을 다닐수록 온천에 대한 궁금증이 자꾸자꾸 늘어났다.

여러 온천을 다니면서 온천수의 화학적 성질이 같다고 해도 모두 제각각의 개성을 지니고 있음을 알게 되었다. 그래서 온천은 언제나 즐겁다. 그리고 온천을 화학적으로 알게 되면 온천마다 뿜어내는 색다른 매력에 빠질 수밖에 없다. 차츰 자신이 어떤 성분의 온천을 선호하는지, 또한 좋아하는 온천이 내 몸에 어떤 영향을 주는지를 유심히 관찰하다 보면 누구나 온천의 효능을 몸으로 체감할 수 있다.

이제 온천을 제대로 알아보자. 원래 무엇이든 '아는 만큼 보이는 법'이니까.

나는 호기심에 온천 공부를 시작했다.

그러다 보니 온천 여행자였던 나는 자연스레 온천 연구자가 되었다. 한국에는 온천에 관한 연구 자료가 그리 많지 않아서 외국의 책과 자료를 많이 읽었다. 일본에서의 온천소믈리에 공부도 그렇게 시작했다.

온천은 알고 보니 완벽하고 아름다운 이온의 바다였다. 이온들이 서로 어떻게 결합하느냐에 따라 온천수는 완전히 성질이 다르다. 또한 온천수에 들어 있는 원소들은 온도에 따라, 산성도에 따라 다른 얼굴로 나타난다. 그리고 땅속의 뜨거운 열과 압력으로 만들어진 온천수가 땅 위로 솟아 나와서 시간이 지남에 따라 다양하게 변화하는 과정(에이징 과정)은 오묘하기 그지없다.

과학적으로 알면 알수록 온천은 더욱 매력적으로 와 닿았지만, 다가가면 다가갈수록 녹록지 않았다. 시작할 때는 생각지도 못한, 게다가 누가 시키지도 않은 너무나 큰 공부 앞에 앉아 있는 나를 발견하곤 했다. 온천이 생성되고 변화하는 과정은 지질학과 관련 있었고, 온천의 성분과 그것이 인체에 미치는 영향과 작용을 알려면 복잡하고 어려운 화학과 의학 분야의 지식이 필요했다.

나는 그저 보통의 사람이기 때문에 전문 분야의 글들을 읽는 것부터 어려웠다. 일본어를 전공하긴 했지만 온천 과학이나 의학 위주의 일본 서적들을 읽는 것은 또 다른 차원이었다. 그래서 아주 기초적이고 쉬운 책부터 읽기 시작했다. 나름대로 맥락을 짚어 이해하기까지 정말 맹렬하게 많은 책을 읽었고 또 적지 않은 시간이 걸렸다. 온천을 제대로 알고 싶은데, 읽기 쉽고 재미있는 과학적인 온천 이야기가 이렇게도 없단 말인가!

그런데 온천을 공부하면서 생각지도 않았던 뜻밖의 재미가 생겼다. 옥텟 규칙, 판데르발스의 힘, 영족기체의 동위원소비, 일산화질소의 산생産生 등 평소에는 들어본 적도 없는, 들어도 무심코 지나쳐 버렸을 용어투성이인 이런 공부들이 나를 반복되는 지루한 일상에서 벗어나게 해주었다.

세금 고지서나 카드 결제 내역서만 들여다보다가, 이런 과학 공부를 하고 있는 내가 어색하지만 재미있게 느껴졌다. 신기하고 왠지 모르게 신이 났다. 지질을 공부하면서 제주도가 아닌 육지에 있는 현무암을 보러 가는 것도 참 즐거웠다. 장엄한 현무암 협곡에 나는 완전히 압도되었다.

이 책은 전문가를 위한 거창한 책이 아니다. 잘 몰랐던 온천을 너무 어렵지 않게 과학적으로 알아가는 그 여정을, 온천이라는 수수께끼를 풀어가는 사실적이고 실용적인 재미를 독자 여러분과 함께하고 싶어서 쓴 책이다. 그리고 또 한 가지, 항간에 떠도는 온천에 관한 엉터리 지식들을 바르게 잡고 싶었다.

'내가 한번 알기 쉽고 재미있게 써볼까? 내가 알아갔던 것처럼 한 단계씩, 어렵지 않게. 그리고 오호 하면서 책상을 탁 치는 즐거움까지!'

내가 했던 많은 공부 중에서 족집게 강사처럼 꼭 필요한 부분들만 쏙쏙 뽑아 알기 쉽고 재미있게 읽을 수 있도록 책을 구성했다. 그리고 특별한 온천에 다녀온 생생한 기록을 사진과 함께 실었고 그 온천의 성분도 곁들여 설명했다.

이 책을 읽고 많은 사람이 온천을 잘 알게 되기를 바란다. 성분 분석표를 볼 줄 알게 되면 온천의 어떤 성분이 내 몸에 어떤 영향을 끼치는지 과학적으로 이해할 수 있고 그 효과를 직접 체험할 수 있게 될 것이다. 그러면 누구라도 자연히 온천을 진심으로 좋아하고 사랑하게 될 것이며, 지구와 나와 온천이 다르지 않다는 생각에 더욱 자연을 소중하게 아껴 쓰고 깨끗하게 물려주어야겠다는 마음을 갖게 될 것이다.

무엇보다도 직접 온천에 가서 친한 친구를 만난 것처럼 온천이 거쳐온 깊고도 유구한 많은 이야기에 귀를 기울이는, 헤어날 수 없는 즐거움을 누리길 바란다. 그러는 동안 온천은 우리 몸에 스며든 무거운 피로를 씻어주고 마음을 누르던 걱정을 따스하게 어루만지며 다시 세상으로 나갈 용기와 평안 그리고 싱싱한 건강을 되돌려줄 것이다.

추천의 글

이 책은 우리나라 온천에 대해 독자들이 과학적으로 온천을 이해함과 동시에 그저 막연하게 몸에 좋을 것 같다고만 생각했던 온천의 효능에 대해 누구나 알기 쉽고 재미있게 접근할 수 있는 내용으로 채워져 있습니다. 이제껏 없었던 새로운 패러다임의 특별한 책이라고 할 수 있습니다.

온천을 이해하는 데 필요한 아주 기초적인 지구과학적 설명에서 시작하여 과거의 화산활동과 높은 지열의 영향으로 생성된 우리 온천에 어떤 특성이 있는지, 또 우리나라 온천에 얼마나 좋은 성분이 있는지, 이러한 우리나라 온천은 어떤 역사를 거쳤고, 우리가 온천에 대해 어떤 오해를 하였는지 등 우리나라 온천에 관하여 전반적으로 살펴보기에 충분합니다. 그리고 이웃한 온천 대국 일본의 온천과 비교하여 설명한 점은 학술적으로도 상당히 눈여겨볼 만한 가치가 있습니다.

특히 우리나라 곳곳의 온천을 두루두루 다니면서 그중에서도 온천수의 화학적 성분이 독특한 온천을 소개한 저자의 온천욕 체험기는 생생한 사진과 더불어 현장감 넘치는 표현으로 가득합니다. 이처럼 다른 책에서는 볼 수 없는 개성적인 구성으로 온천에 더욱 흥미를 느끼게 합니다.

온천에 들어서면 무심코 보았던 온천 성분 분석표, 이제 이 책을 읽은 독자라면 당연히 성분에 따른 온천수가 인체에 미치는 효능을 이해하게 될 것입니다. 나아가 자신의 건강 상태에 적합한 온천을 충분히 활용하게 될 것입니다. 이는 경제 소득이 높은 나라일수록 건강관리에 온천을 적극적으로 이용하는 것과 흐름을 같이한다고도 할 수 있습니다.

우리의 온천은 전통적으로 왕들이 치료차 방문했다는 역사 기록이 많이 남아 있고, 현재는 온천수를 활용하여 화장품과 사탕, 술, 커피, 생수, 소금 등을 생산하고 있습니다. 또 건강·치료·여가 단지로 조성한 온천 지구에서 온천을 즐기는 이들이 점차 늘어나고 있습니다. 시설 또한 현대식으로 꾸미는 등 고부가가치화를 추구하고 있습니다.

외국에서도 온천수를 치료용으로 활용한 사례는 많습니다. 헝가리와 체코, 독일, 프랑스는 온천수를 이용한 물리치료나 마사지, 음료 등 의료 관광으로 유명하고, 특히 유럽연합 가운데 오스트리아는 건축가 프리덴스라이히 레겐타크 둥켈분트 훈데르트바서Friedensreich Regentag Dunkelbunt Hundertwasser, 1928~2000가 온천 지역을 친환경적인 온천 단지로 설계하여 세계적으로 유명 관광지로 발전하면서 높은 경제적 가치를 지니게 되었습니다.

이제 우리나라에서도 온천을 의료 목적으로 사용할 수 있게 되었습니다. 현행 「온천법」 제16조와 「온천법 시행령」 제17조의 개정으로 기존에는 온천수 사용을 목욕장, 숙박업, 산업시설 등으로 제한하였으나 앞으로는 의료기관이나 노인복지 시설에서 치료 목적으로 온천수를 사용할 수 있게 되었습니다. 본인 또한 국내외 학술지에 온천과 관련한 논문을 여러 편 게재한 바 있습니다.

현대인은 모두 건강하기를 바라고, 여유를 즐기는 삶을 원합니다. 복잡하고 스트레스가 많은 일상생활 속에서 가장 손쉬운 치유의 방법으로 많은 이들이 온천을 선택하고 있습니다.

생각해보면 온천은 어렵지도 않고 힘들지 않으면서 느긋하게 건강을 지킬 수 있기에 남녀노소 누구나 함께할 수 있는 여가생활입니다. 기왕에 가는 온천이라면 온천을 제대로 알고 좀 더 적극적으로 활용하기 위해 이 책은 더없이 유용하다고 할 수 있습니다. 온천을 즐기려는 분들뿐만 아니라 편안하게 건강을 지키고자 하는 많은 분들에게 이 책을 추천합니다.

경동대학교 보건학 교수
이학박사Ph. D 이시경

차례

01 흥미진진한 이야기의 시작

온천 이야기의 시작을 어디에서부터 하면 좋을까를 한참 고민했다.

무슨 일이든 그것의 처음과 성장 과정을 알아야 전체를 이해하기 쉬운 법, 그래서 온천의 탄생부터 알아보기로 한다.

온천이 언제, 어디에서, 어떻게 생겨났는지를 알려면 자연스럽게 지구와 연결된다. 온천은 지구의 작품이니까, 지구 이야기를 먼저 할 수밖에 없다. 그런데 지구는 너무도 방대하고 여전히 의문투성이여서 어떻게 풀어가야 할지 궁리를 많이 했다.

대충 뛰어넘어 온천의 정의나 뭐 그런 것부터 쓰고 싶은 유혹도 있었다. 그러나 온천이 만들어지는 과정은 지질학적 특성에 연유한다. 때문에 지구과학이나 지질학을 조금이나마 공부하면 온천의 기원뿐만 아니라 온천과 관련된 많은 궁금증이 쉽게 풀린다. 그래서 쉽고 간단하게 지구의 역사부터 짚어가는 것이 온천을 명확하게 이해할 수 있는 바른길이라고 생각했다.

온천은 사람이 만든 물이 아니다.

온천은 지구가 품었던 물에 땅속 깊은 곳의 기나긴 이야기를 실어 보낸 것이다. 이제 땅속에서 전해온 비밀스럽고 재미난 이야기들을 우리가 들어줄 차례다. 가벼운 마음으로 간략하게나마 지구의 역사와 온천을 탐색하다 보면 일상에서는 만날 수 없는 완전히 색다른 세상의 흥미진진한 이야기 속으로 흠뻑 빠지게 될 것이다.

02 지구가 태어난 날

언제 지구가 탄생했는지 기록된 것은 없다. 당연히 아무도 본 사람이 없으니까. 그런데 신통방통한 사람들은 이 기록에도 없는 시간에 이름을 지어 붙였다. 명왕누대冥王累代, Hadean라고.*

명왕누대라니? 어느 왕이 살았던 시대인가? 생소하기만 한 이 단어는, 지질학 백과사전에 따르면, 지구가 탄생한 46억 년 전부터 40억 년 전까지의 시기로 암석조차 제대로 형성되지 않아 화석 같은 지질학적 증거가 전혀 없는 시대이다. 내가 살고 있는 이 커다란 지구에 돌멩이 하나 없었던 시절이 있었다니! 깊이 들어가면 한 권의 책으로도 모자랄 분량이니, 여기서는 간추려서 가볍게 이해하고 넘어가자.

* 지질시대를 구분하는 기준은 누대(累代, Eon), 대(代, Era), 기(紀, Period), 세(世, Epoch), 절(節, Age)로 나뉜다. 가장 큰 단위인 누대는 시간순으로 명왕누대(Hadean Eon), 시생누대(Archean Eon), 원생누대(Proterozoic Eon), 현생누대(Phanerozoic Eon)다. 명왕누대, 시생누대, 원생누대를 합쳐 선캄브리아 시대라고 한다.

명왕누대에는 우주먼지와 기체의 강착降着,* 소행성의 충돌, 핵·맨틀·지각의 형성, 원시 상태의 대기와 해양의 발달 등이 시작되었다. 하덴Hadean은 불지옥이란 뜻으로, 그리스의 신 하데스Hades, 보이지 않는 자에서 나온 말이다. 그저 옛날이야기처럼 읽어

* 어떤 천체가 중력작용으로 가스 등의 물질을 흡수하는 것을 강착이라고 한다. 처음에 지구는 가스 덩어리였는데 그것들이 뭉쳐져 지구가 되었다는 가설에서 주로 쓰인다.

도 좋다. 그러다 문득 온천을 만날 테니까.

자, 그럼 본격적으로 그날의 이야기를 시작하겠다.

맨 처음 지구라는 검붉은 가스 덩어리 별은 가늠할 수 없이 뜨거웠다. 지구는 테이아Theia*와의 거대 충돌로 태어났다. 그때 지구에는 땅도 바다도 없었다. 충돌열과 방사성동위원소들의 붕괴열로 뜨겁게 불타오르던 광물 가스(암석 기체)의 덩어리였다. 상상조차 하기 어렵다. 뜨거운 광물 가스가 뭉쳐진 것이 지구라니.

* 지구가 어떤 행성의 우주 충돌로 태어났다는 가설에 등장하는 미지의 행성의 이름이다. 그리스어로 '신성한'이라는 뜻이다.

이러한 광물 가스와 우주먼지 중에서 철이나 니켈 같은 밀도가 높고 무거운 광물이 먼저 지속적으로 지구 중심부로 뭉쳐져 핵을 만들었다. 그리고 상대적으로 가벼운 규소 같은 광물들이 좀 더 늦게까지 떠돌다가 핵 다음의 맨틀이 되었다. 맨틀은 용광로처럼 뒤엉킨 채 끓어오르는 쇳물 덩어리 같았다.

이때 맨틀에 포함된 규소는 온천에서 용출되는 성분이기도 하다. 물론 맨틀에서 분출한 마그마가 지각을 이루었으니 규소는 지각에도 많이 분포한다.

이 맨틀에서 나온 규소 성분이 우리 몸에 영향을 준다고 생각하면 한편으로는 짜릿한 기분이 들기도 한다. 우리가 일상생활을 하면서 그 어떤 것에서 한없이 깊은 지구의 심부에 있는 마그마나 맨틀에서 온 것과 만날 수 있단 말인가? 뜬금없는 이야기 같지만 온천이 그 만남을 실제로 가능하게 해준다.

우리나라에도 맨틀에서 만들어진 가스가 나오는 온천들이

있다.* 맨틀의 성분이 솟아나오니 당연히 맨틀을 구성하는 원소 중 하나인 규소도 함께 솟아나온다. 정말 신기했다! 처음 이 사실을 알고는 진짜진짜 설렜다. 그 깊은 맨틀에서 왔다고? 진짜로 그런 온천이 우리나라에도 있다고? 모두 궁금할 테지만 자세한 것은 뒤로 넘기고 다시 맨틀로 돌아가자.

* "맨틀 기원의 열류 상승은 영족기체 온천 가스 분석에서도 조사할 수 있다. 최근 한반도의 온천 가스 영족기체 동위원소 분석 연구에서 맨틀 기원의 헬륨 가스의 존재가 확인되었다."(김규한, 『한국의 온천』, 이화여자대학교출판부, 2007)

맨틀 위로 마그마가 솟구쳐 오르고 서서히 식기를 반복하면서 현무암 지각이 생겨나고 연결되어 현무암질의 원시 지각이 탄생되었다. 이제야 비로소 태초의 땅이 생긴 것이다. 타임머신을 타고 간다고 상상을 해도 이때쯤에 가야 어디 착륙할 땅이라도 있는 것이다. 물론 상상 이상으로 몹시 뜨겁겠지만!

이렇게 원시 지각이 만들어지는 동안 마그마의 바다에는 방사성 천둥번개와 함께 '불방울' 같은 비가 내렸고, 바다는 끊임없이 용해평형溶解平衡*을 반복했다. 지구는 수백만 년 동안 고온으로 증발된 수분이 공중의 먼지 등을 흡수하고 다시 떨어지며 용해평형을 거듭하면서 서서히 변화했다. 혼탁했던 하늘과 바다는 차츰 맑아졌다. 마침내 지각이 차가워지고 격렬한 증발이 멈추었다. 점차 비가 고이기 시작하고 그렇게 처음 바다다운 원시의 바다가 생겨났다.

* 포화 상태의 용액에 용질을 넣으면 더 이상 녹지 않는 것처럼 보인다. 녹는(용해) 속도와 알갱이로 뭉쳐지는(석출) 속도가 같기 때문에 그렇게 보이는 것일 뿐, 실제로는 용해와 석출 현상이 모두 활발한 상태다. 이것을 용해평형이라고 한다.

아무것도 살 수 없을 것 같았던 불덩이 지구는 서서히 식으면서 아름다운 별이 되어갔다. 산소가 생겨나고 오존층이 보호막이 되어주면서 생명이 시작되었다. 때때로 지구는 소행성이나 혜성과 충돌하기도 했고 빙하기를 맞기도 했다.

우리가 미처 알아채지 못하고 있는 이 순간에도 지구에서는 꾸준히 철 같은 무거운 원소들이 핵으로 가라앉고 있고 그렇게 핵은 계속 거대해져 가고 있다. 그리고 지구의 심장인 핵은 여전히 섭씨 6000도로 태양처럼 뜨거운 상태다.* 그런데도 지구는 푸른 보석처럼 아름답지 않은가. 이런 지구에 우리가 살고 있다!

* 이하 본문의 온도는 별도의 표기가 없는 한 섭씨온도를 말한다.

평소에는 들어본 적도 생각해본 적도 없는 이런 이야기들은 그저 아련하고 신기할 따름이다. 45억 년이라는 시간도, 6000도라는 온도의 뜨거움도 좀처럼 실감나지 않는다. 완전히 다른 별나라 이야기 같은, 나의 일상과는 동떨어진 동화 속 이야기처럼 그저 솔깃할 따름이다. 어떻게 생겨난지도 잘 모르면서 그 속에서 매일매일 바쁘게 사는 인간은 참 대단한 존재다. 게다가 지구를 잊고 산다고 해도 과언이 아니니, 인간 참, 얄궂다.

이제껏 잊고 살았다고는 해도, 지구의 깊고 뜨거운 맨틀에서부터 나오는 가스를 만나볼 수 있는 온천이 먼 나라도 아니고 우리나라에 있다니, 곧장 그 온천으로 가보자!

맨틀 가스가 나오는
오색 탄산온천

© 오경섭

오늘은 백두대간 오색령을 안개 속에 넘습니다. 한계령은 언제나 흰 구름에 휩싸여 있군요. 굽이굽이 길을 따라 흩뿌리는 비와 함께 선경仙景이 펼쳐집니다. 천천히 설악을 따라 거닙니다. 언제 봐도 아름다운 설악입니다.

설악산은 사람의 마음을 사로잡는 것 같아요.

거칠어도 준수한 산세가 그렇고, 어디를 보아도 감탄을 자아내는 아름답고 신비한 범접할 수 없는 기세가 그렇고, 오래 살아온 나무와 바위와 맑고 푸른 물, 신선하고 무량한 공기……. 그리고 무엇보다 특별한 온천이 있지요. 바로 오색 탄산온천입니다.

탄산온천이 뭐 특별할까 하실 수도 있지만, 오색 탄산온천은 다릅니다. 오색 탄산온천은 지구 깊숙한 곳에 있던 영족기체*인 헬륨과 아르곤이 나오는 온천입니다. 쉽게 말해서 지구의 맨틀에서 가스가 올라오는 온천이라는 뜻입니다. 국내에서는 드물게 활화산에서나 나올 법한 맨틀의 가스를 직접 만날 수 있으니까, 오색 탄산온천이 특별하다 할 수밖에요.

* 원소주기율표 18족의 원소로, 다른 원소와 화학반응을 일으키지 않아서 물질의 기원을 추적할 수 있는 기체를 영족기체라고 한다. 헬륨, 네온, 아르곤 등이 있다.

오색 탄산온천의 성분 분석표를 한번 볼까요? 먼저 TStotal solids, 총고형물*는 1360밀리그램으로, 일본 환경성에서 정한 보양온천保養溫泉의 기준인 1000밀리그램을 사뿐히 넘습니다. 나트륨은 497밀리그램, 규소는 96.7밀리그램입니다. 규소는 온천에서 규산염의 형태로 많이 존재하는데 50밀리그램이 넘으면 이 성분만으로도 보양온천으로 인정받으며 인체의 골격이나 손톱, 모발 , 점막 등의 형성에 도움을 줍니다. 무려 두 배 가까이 나오네요. 진짜 많이 들어 있죠. 이렇게 규소 성분이 풍부한 온천수에 몸을 담그면 머리카락이 매끌매끌해져요. 규소는 실리카의 원료로 린스의 실리콘 코팅 성분이기도 하거든요.

* 122쪽 '온천의 성분 분석표 보는 법'의 자세한 설명 참조. 이하 본문의 성분 수치는 모두 1리터에 들어 있는 성분량이다(밀리그램/리터).

칼슘은 52.7밀리그램, 황산염은 40.0밀리그램, 철은 12.0밀리그램이며, pH*는 약산성입니다. 한눈에 보아도 피부에 좋을 것 같은, 특히 만성적인 염증에 좋을 것 같아요. 탄산은 유리탄산으로 660.3피피엠*ppm: parts per million, 탄산수소염으로 1403.46피피엠입니다. 수치로

* pH는 용액의 수소이온 농도 지수로, 0에서 14까지의 숫자로 표기한다. 7 미만은 산성을, 7 이상은 알칼리성을 나타낸다.

* ppm은 100만분의 1을 나타내는 농도 단위로, 1리터의 용량 중에 1밀리그램의 물질이 포함되어 있음을 뜻한다.

KIGAM 한국지질자원연구원
대전광역시 유성구 과학로 124번지
Tel : 042-868-3392, Fax : 042-868-3393

성적서번호 : 120190536A

페이지(3)/(총 3)

7. 시험결과

(단위 : mg/L)

성 분 \ 시료번호	120190536-002
K	27.2
Na	497
Ca	52.7
Mg	2.24
SiO_2	96.7
Li	0.54
Sr	0.41
Fe	12.0
Mn	0.85
Cu	<0.03
Pb	<0.03
Zn	0.05
F^-	8.22
Cl^-	13.9
SO_4^{2-}	40.1
Total Solid	1 360
비 고	강원도 양양군 서면 오색리 511-3

성분 분석표

보면 나트륨탄산수소염 온천입니다. 그러나 워낙 탄산 기포가 인상적인 탕이라 탄산온천으로 더 유명하지요.

이와 같은 성분을 지닌 오색온천은 풍부한 철의 함량으로 철분의 은은한 향기, 탄산 기포에 의한 청량감이 뛰어납니다. 여기에 피부가 건조해지는 것을 막아주는 규소·나트륨·칼슘의 작용 등으로 청량감은 청량감대로 즐기고 피부의 보습과 부드러움도 느낄 수 있는 사랑스러운 온천입니다.

자, 이제 톡톡 터지는 기포의 탄산, 한 탕 하러 가실까요?

욕장 안에 들어서니 따뜻한 공기가 좋아요. 온천장이 넓고 깨끗하게 잘 관리되어 있어요. 먼저 샤워기의 더운물로 물 마중을 합니다.

신선감이 특별한 탄산탕

탄산탕은 온도가 낮아서 몸을 좀 데워야 해요. 뜨끈한 열탕도 좋군요. 깊고 물이 좋아요. 몸이 뜨거워졌으니 이제 탄산탕으로 가볼까요?

이야! 물이 진짜 맑아요. 그리고 정말 깨끗해요. 철이온이 산화하면서 착색된 붉은색도 멋지네요. 탕이 내뿜는 공기마저 생생한 느낌, 이 가스가 맨틀에서 온 것이랍니다. 신선감이 특별합니다. 이른 새벽이라 막 탕에 들어온 물이 굉장히 맑아요. 가스가 나올 때의 색에는 확실히 더 푸른 투명함이 있어요. 신선한 탄산의 자극이 톡톡, 선명하고 깨알 같은 자극이 곧바로 몸을 감싸 정말 기분이 좋아요.

매끌매끌한 공기 방울들, 유리구슬처럼 투명한 공기 방울이 뽀글뽀글 솟아나네요. 이렇게 예쁜 아이들이 맨틀에서부터 우릴 만나러 여기까지 와주었네요. 이런 생각을 하면 진짜 감동입니다. 지구는 정말 사랑하지 않을 수 없는 존재입니다.

무엇보다 촉감이 너무 좋아요. 자꾸 손을 뻗어 물을 쓰다듬게 되네요. 이 가볍고 신선하고 매끄럽고 포근한 촉감, 오늘은 훨씬 공기 방울이 부드럽고 풍부하군요. 지구 어머니의 다정한 손길에 온몸을 맡겨봅니다. 맨틀에서 직접 올라오는 가스라 화산가스처럼 굉장히 자극적일 것이라는 편견이 있었는데, 이렇게 자잘하고 간지러울 수가 있을까요. 저절로 빙그레 미소를 짓게 됩니다.

물맛을 한번 볼까요? 먼저 철분의 가볍고 신선한 향기가 코끝을 스치고, 첫 맛은 달달해요. 보통 탄산은 싸한 맛에 혀가 아린데 곱고 부드러운 맛이에요. 연한 단맛에 이어 산뜻한 신맛이 나와요. 상큼하네요. 중간쯤 쌉쌀한 맛이 따라 나오는가 싶더니 불소의 끝 맛이 깔끔해서 무가당 사이다로도 손색이 없는 훌륭한 맛입니다.

물맛이 진짜 좋아요. 배부르게 마셔 버리고 싶은 그런 맛입니다. 이것이 진정으로 신선한 온천의 맛이 아닐까 싶어요.

풍부한 탄산이 몸에 금세 달라붙어요. 맑은 탄산탕에서 은방울 같은 탄산 기포가 온몸을 감싸면서 뽁뽁 터지는 걸 보는 것도 참 재미있어요. 이 방울들을 하염없이 바라보고 있자니 아이같이 마음이 순수해지는 것 같아요.

탄산의 자극에 몸이 따뜻해져 탕의 온도가 낮음에도 꽤나 있을 만해요. 이 톡톡 터지는 기포가 피부를 자극해서 혈행을 좋게 해주어 심장의 부담도 덜어준답니다. 이렇게 탄산탕은 심장과 고혈압에 좋은 탕입니다.

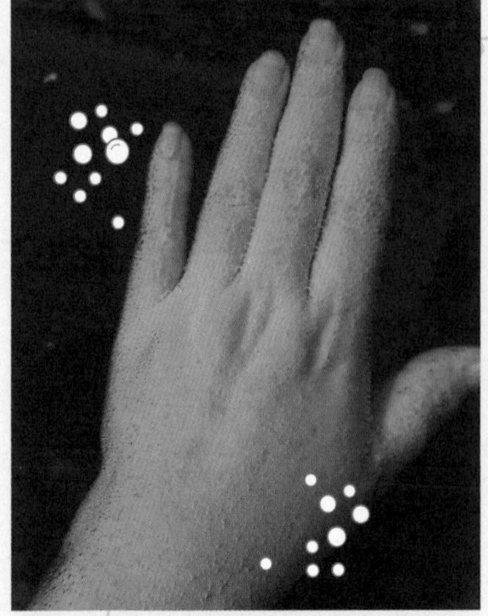

신나게 빠끔거리는 탄산 기포

앗, 손이 덜 예쁘게 나왔지만, 보이시죠, 이 풍성한 탄산의 기포가. 물이 아직 맑은 상태라서 훨씬 잘 보이네요. 온몸을 둘러싸고 마치 잔칫집 아이들 마냥 제멋대로 신나게 빠끔거려요.

이제 다시 따뜻한 탕으로 한 번 더 가볼까요?

오색의, 설악의 노천탕입니다.

아직도 새벽의 어스름이 채 가시지 않았네요.

오색의 노천탕

아! 상큼한 공기, 신선한 산속의 공기, 비가 내려 촉촉이 젖은 흙냄새, 숲의 달달한 나무 향기까지. 그야말로 돈을 주고도 사지 못할 것들입니다.

따끈한 탕에 들어가 몸을 기대고, 툭 툭 툭 정원의 나뭇잎에 빗방울 떨어지는 소리를 가만히 눈을 감고 들어요. 따스한 온천수는 졸졸졸 흐르고 편안하고 고요합니다. 풀벌레 소리가 계절이 바뀌는 걸 알려주는 듯 조그맣게 들려요. 가을인가 봅니다. 시간은 어찌나 빨리 가는지, 언제인지 모르게 이렇게 나이를 먹었네요. 살아보면 참 별것 없다 하더니, 어른들 말씀은 틀린 것이 없어요.

몸이 천천히 충실하게 뜨뜻해졌어요. 탕에서 나와 시원한 설악의 공기 속에 누워봅니다. 정말로 시원하고 편안합니다. 한순간에 모든 게 한없이 풀어지는 기분입니다. 물도 좋지만, 이런 맛에 온천에 옵니다. 나도 모르게 흐트러진 몸과 마음을 차분하고 맑게 가라앉히고, 사느라고 지치고 상처 난 마음도 잠시나마 쉬게 해주려고 먼 길 마다하지 않고 온천에 옵니다. 온천은 마음까지 어루만져 주는 듯해요.

다시 한번 탄산탕에 다녀와야겠어요. 물이 정말로 부드러워요. 이 신선함은 생경한데도 느낌이 좋아요.

뜨끈한 탕에 있다가 다시 시원하고 신선한 탄산탕에 들어와 앉으니, 그야말로 뇌 속까지 상쾌해져요. 스트레스가 확 풀리는 느낌입니다. 은방울들이 몸에 달라붙는 걸 다시 보는 것도 즐겁네요. 기포의 촉감, 은은한 온천 향기도 참 좋군요.

정말 고마운 일이에요. 우리나라에도 이런 훌륭한 온천이 있다는 게 말이죠. 피부가 촉촉하고 맑아진 느낌이에요. 온몸이 개운합니다.

탄산의 자극으로 붉어진 팔을 한번 보세요. 일부러 차이를 보여 드리려고 경계를 두고 담가 보았어요. 신기하지요? 시원한 탕 속에서 나왔는데 뜨거운 탕에 있었던 것처럼 몸이 붉으니 말이죠. 이것이 탄산의 효과예요. 공기 속에서는 그저 흩어지고 말지만 온천으로 만나면 탄산이 이렇게 우리 몸에 좋은 영향을 주다니, 온천은 참 특별합니다.

03 불의 고리에 온천이 있다

지구는 핵·맨틀·지각이라는 세 개의 층으로 구성되어 있다. 지구의 구조에 관한 이야기는 『살아있는 과학 교과서 1』*(휴머니스트, 2019)를 읽고 정리한 내용이다. 이 책의 서문에 다음과 같은 글이 있다.

* 청소년들을 위해서 홍준의(생물), 최후남(화학), 고현덕(지구과학), 김태일(물리) 네 분의 선생님들이 쓴 책이다. 선생님들의 내공이 그대로 느껴지는, 과학의 전반적인 개념과 논리에 관한 쉽고도 재미있는 과학 책이다.

"통합과학은 과목별로 분절된 지식을 암기하는 것을 넘어서 과학적 현상과 주제를 종합적으로 이해하려는 접근법이다. 우리는 이 방법이 과학과 삶의 관계를 온전히 이해하고, 과학의 기본 원리를 종합적으로 파악하며, 진정한 과학적 사고력을 키우는 길이라고 생각한다."

과학과 삶의 온전한 관계를 위한 과학적 사고력이라는 말이 실생활에서 과학 지식의 중요성을 일깨워주어 인상 깊었다.

나도 실용주의자인 것 같다. 사는 데 실제로 도움이 되지 않으면, 그다지 흥미가 생기지 않는 것 같아서 그렇다. 아마 온천도 나에게 별 도움이 되지 않았다면 이렇게까지 파고들지 않았을 수도 있다. 하지만 공부를 하고 보니 나 혼자 알고 있기 아까워서 이 책을 쓴다는 것이 가장 솔직한 심정이다.

지구의 가장 깊숙한 곳에는 핵이 있다. 핵은 무거운 금속(철, 니켈 등)으로 구성되어 있으며 온도는 6000도 정도다. 그다음에 있는 것이 바로 맨틀이다. 맨틀은 핵과 지각 사이의 공간으로 지구 전체 부피의 83퍼센트를 차지한다. 깊이가 2900킬로미터에 이르는 맨틀은 핵과 닿은 쪽이 훨씬 더 뜨겁고 지각과 닿은 쪽은 상대적으로 온도가 낮다. 아래와 위의 온도 차이, 깊이에 따라 받는 압력의 차이 등으로 맨틀이 서서히 움직인다. 이것을 맨틀의 대류對流라 한다. 이 맨틀의 대류로 인해 상부의 지각판들이 움직인다는 것이 바로 판구조론板構造論. platetectonics이다.

맨틀 위에 떠 있는 지각은 지구의 가장 겉 부분을 이루는 단단한 암석층으로, 지구 전체 부피의 1퍼센트 정도다. 지각은 크게 대륙 지각과 해양 지각으로 나뉜다. 대륙 지각의 두께는 평균 35킬로미터, 해양 지각의 두께는 약 7~8킬로미터다. 지각판은 풍화와 침식 작용을 받아 두껍지만 가볍고, 해양판은 엄청난 무게의 해수를 함유하고 있어 상대적으로 얇고 무겁다.

각각의 판은 맨틀의 대류로 해마다 수 센티미터의 속도로 이동하고 있다. 그러다 부딪친다. 지각이 갈라져 쪼개지면서 지진이 일어나고 산맥을 만들기도 한다. 특히 지각판과 해양판이 충돌할 때 상대적으로 무거운 해양판이 대륙판 밑으로 밀려 들어가는데, 이때 엄청난 마찰열이 발생한다. 이러한 지각변동 지대를 섭입대攝入帶라고 한다. 섭입대에서는 복잡하고 다양한 현상이 일어난다.

어려운 이야기는 이쯤에서 접고, 온천을 만드는 두 가지 플륨plume에 대해서 살펴보자. 지각판들의 충돌로 생겨난 균열을 따라 맨틀에서부터 바로 솟구쳐 오른 마그마 덩어리를 '뜨거운 플륨'이라고 한다. 화산과 지진을 일으키고 동시에 온천도 솟아오르게 하는 잘 알려진 마그마 덩어리다. 또 다른 한편으로 판의 충돌로 부서진 판에 들어 있던 함수광물含水鑛物이 높은 열과 압력으로 녹아버려 마그마 덩어리와 비슷한 물질이 만들어지기도 하는데, 이를 상대적으로 '차가운 플륨'이라고 한다. 차가운 플륨이라고 해서 온도가 낮은 것은 아니다. 맨틀에서 바로 올라온 플륨에 비해 상대적으로 덜 뜨겁다는 뜻이다.

차가운 플륨도 온천을 만든다. 대륙판과 해양판이 충돌할 때 마찰열로 깊은 바다 밑의 함수광물이 녹으면서 그 속에 들어 있던 무거운 광물이 가라앉고 고열의 수증기와 해수가 모여서 온천의 기원이 된다. 이런 종류의 물을 '화석수' 또는 '화석해수'라고 한다. 오래전 지질시대의 물이라는 뜻이다. 이런 과거 지질시대의 온천은 온천이 많은 일본에서도 매우 희귀하다. 그런데 놀랍게도 우리나라에 화석해수 기원의 온천이 있다. 정말이지, 우리나라의 온천은 흥미진진하다.

일반적으로 온천은 화산활동이 활발한 지역에 많다. 우리나라와 인접한 화산과 지진으로 유명한 지역은 태평양을 둘러싸고 있는 환태평양조산대環太平洋造山帶, 일명 '불의 고리Ring of Fire'다.

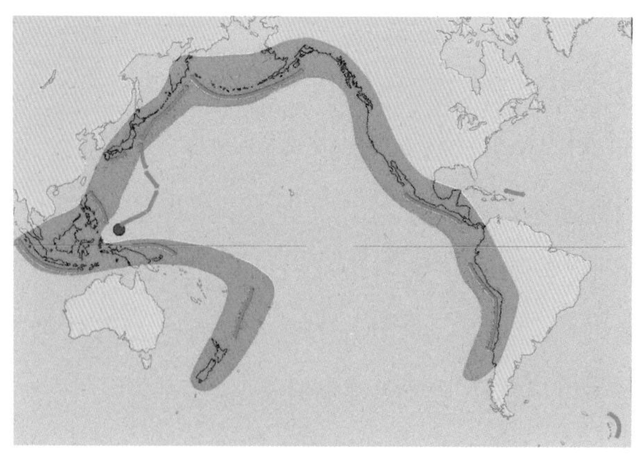

환태평양조산대

불의 고리는 화산이나 지진과 관련된 뉴스에서 들어본 적이 있을 것이다. 용암과 엄청난 수증기를 뿜어내고 있는 활화산의 모습은 언제나 눈길을 끈다. 물론 그에 따른 재해나 재난은 안타깝지만 말이다. 여러 개의 지각판과 해양판이 태평양을 둘러싸고 고리 모양으로 만나서 지진과 화산활동을 일으키기 때문에 '불의 고리'라는 무시무시한 이름이 붙었다. 세계의 활화산과 휴화산의 75퍼센트가 몰려 있으며, 전 세계 지진의 80~90퍼센트가 이곳에서 발생한다.

여기에 온천도 많다. 지진과 화산활동이 왕성한 지역과 온천 지역은 상당 부분 겹친다. 이렇게 화산 지역에서 솟아오르면서 화산의 직·간접적인 영향을 받는 온천을 '화산성 온천'이라 한다. 화산성 온천이라 하면 가장 먼저 가까운 일본이 떠오른다. 일본에는 화산성 온천이 많다. 그러나 일본의 모든 온천이 화산성 온천은 아니다. 일본에는 화산성 온천과 비화산성 온천이 혼재한다. 우리나라에도 잘 알려진 사이마타현埼玉縣의 도키가와都幾川 온천, 나가노현長野県의 하쿠바핫포白馬八方 온천은 일본의 대표적인 비화산성 온천이다.

화산대와는 거리가 먼 외톨이 마그마의 활동도 있다. 마그마의 분출이 판의 경계나 화산과 지진대도 아닌 곳에서 불쑥 일어나는 것이다. "판의 경계에 해당되지 않는 하와이나 기타 중국 대륙의 내부 같은 지역에서도 지하의 맨틀에서부터 상승한 뜨거운 열류로 만들어진 열점hot spot에 의해 지표에 화산활동이 일어나기도 한다. 우리나라의 제주도, 울릉도와 독도의 화산섬도 열점이나 맨틀 플륨mantle plume에 의해 생성된 것"(김규한, 『한국의 온천』, 이화여자대학교, 2007)이라고 한다. 반드시 지진·화산 지대가 아니어도 마그마의 활동이 있을 수 있다는 것이다.

엄청난 고온·고압의 핵과 맨틀이 지구 전체 부피의 99퍼센트나 차지하고 있다. 그러니 지각에 균열이 있다면 어디라도 마그마가 솟아오르거나 마그마로 인한 가스나 열기 등이 솟아오르는 것은 어찌 생각하면 당연한 이야기다. 마그마의 활동에는 아직도 다 밝혀내지 못한 부분들이 많다. 하긴 지구 심부에서 일어나는 일을 다 알고 예측할 수 있다면 얼마나 좋을까. 그럼 더 이상 화산이나 지진 피해를 입는 일은 없을 것이다.

온천이 화산과 관련이 있는 것은 알겠는데, 현재 우리나라에는 활화산도 없는데 왜 화산 이야기를 하고 있을까, 의문이 들

수도 있다. 사실 우리나라에도 과거 지질시대에 화산활동이 활발했으니, 당연히 현재의 온천들과 연관이 많다. 맨틀에서 만들어진 가스가 나오는 온천이나 화석해수 온천 등을 보더라도 과거 지질시대의 화산활동은 우리나라 온천과 아주 관계가 깊다.

생각해보면 정말 신기한 일이 아닌가? 그저 물이 좋아 찾아가는 온천이 생각지도 않았던 과거의 지질시대와 관련이 깊다니……. 다시 한번 말하지만 현재를 살아가는 내가 어디에서 과거 지질시대의 것을 만날 수 있단 말인가! 온천이 바로 그것이다. 그러나 이는 시작일 뿐이다. 온천의 진면목은 따로 있다.

지금은 회색의 시멘트 고층 빌딩과 포장에 가려져서 폭신한 흙 한 줌 보기가 쉽지 않다. 그러나 우리 밑에는 잠을 자는 듯 소리 없이 바닥을 이루고 있는 수많은 암석층과 광물이 있다. 그리고 그곳에는 상상조차 할 수 없는 그들만의 오랜 역사가 있다.

자, 그럼 이번에는 우리가 발붙이고 살아가고 있는 한반도의 지질시대를 한번 훑어보자. 이 과거의 지질시대 속에 현재의 우리 온천이 있다. 얼마나 역동적인 한반도였는지 알게 되면 이 땅이 더욱 사랑스러워질 것이다. 그리고 반드시 고마워하게 될 것이다.

04 한반도도 지구의 한 부분

이번에는 너무나 당연해서 한번도 진지하게 생각해보지 않은 이야기를 해볼까 한다. 우리가 살고 있는 한반도 역시 지구의 한 부분이니까 이 땅도 지구의 역사 속에서 격동의 지질시대를 고스란히 함께 지나왔다는 것을 말이다.

한반도에도 명왕누대를 포함한 원시시대의 선캄브리아기 Precambrian age가 있었다. '선캄브리아기'라고? 학교 다닐 때 들어본 것 같다. 캄브리아에 앞서다는 뜻의 한자 선先을 덧붙인 이 말은 글자 그대로 고생대 초기인 '캄브리아 시대보다 앞선' 시대다.

참고로 캄브리아는 영국 웨일스의 옛 지명인데, 그곳에서 이 지질시대의 암석이 처음 나왔기 때문에 그곳 이름을 따왔다고 한다. 쥐라기Jurassic period도 '쥐라'라는 프랑스의 마을 이름에서 따왔다.

선캄브리아기 때 한반도에는 이미 지괴(地塊, 땅덩어리)가 있었다. 이때 형성된 암석은 변성암(편마암)으로 한반도 암석의 40퍼센트 정도를 차지한다고 하니, 거의 절반의 땅은 선캄브리아기에 만들어졌다고 할 수 있다. 한반도는 꽤나 오래된 땅이다.

고생대에 한반도에는 육지가 융기와 침강 운동으로 가라앉거나 솟아오르면서 다양한 퇴적물이 쌓였다. 이전 시대의 지괴 사이에 퇴적물이 채워져 땅이 더 넓어졌다. 퇴적이 많이 이루어진 한반도의 고생대에 관한 재미있는 글을 소개한다.

> 오랜 여행의 흔적은 영월의 땅에 고스란히 남아 있다. 영월에는 거대한 석회암 지대들이 존재한다. 시멘트의 원료가 되는 석회암은 조개류, 산호 등 바다생물의 몸을 보호하는 껍데기나 골격 등이 바다 밑에 쌓여 형성된 퇴적암이다. 석회암이 만들어지기 위해서는 이들 생물이 번성할 수 있는 따뜻한 수온을 가진 바다가 필요하며, 실제로 세계적으로 대규모 석회암 지대는 적도를 중심으로 남·북위 25~30도 선 안쪽으로 분포하고 있다. 그런데 현재 중위도에 위치한 우리나라의 일부 지역에 거대한 석회암 지대가 분포하고 있다. 이것은 이들 지역이 고생대 무렵에는 적도 부근의 따뜻한 바다 밑 땅이었다가 지금의 위치로 이동했다는 것을 의미한다. 영월이 그런 곳 중 하나다.(손영운, 『손영운의 우리땅 과학 답사기』, 살림, 2009.)

이 책의 저자는 오랫동안 아이들에게 지구과학을 가르치다가 우리 땅의 지질학적 이야기를 알리고 싶어서 이 책을 썼다고 한다. 인용문 앞머리에 '오랜 여행'이란 한반도가 원래 위치했던 적도 부근에서 서서히 지금의 북반구 위쪽으로 이동한 것을 말한다.

한반도가 바다 밑에 가라앉은 땅이었을 때 퇴적된 석회암은 탄산칼슘이 주성분인 시멘트층이 되었다. 또 다른 아주 중요한 퇴적물은 식물이 번성했던 얕은 호수나 늪지대였을 때 만들어진 무연탄이 있다. 무연탄은 풍부한 석탄층이 되기도 했다. 이 고마운 무연탄 덕에 남의 나라에서 석탄을 수입하지 않고도 우리는 가난하고 힘들었던 시절을 따뜻하게 지낼 수 있었다.

"정말 고맙다, 고생대야."

한편, 한반도가 태양이 작열하는 적도의 바다였던 시기가 있었다니, 눈 감고 상상해보면 정말 아름다웠을 것 같다. 얼마나 오염 없이 맑고 깨끗한 하늘과 바다였을까. 물론 삼엽충(고생대의 대표적인 바다생물) 같은 것이 바다에 돌아다니고 있었다면 그다지 귀엽지는 않았을 것 같긴 하지만.

아니, 참! 바닷속이었다고 했으니까, 얼마나 깊었을까? 음, 숨은 설악산 꼭대기쯤에 가서나 쉴 수 있었을까?

아무튼 고생대는 우리에게 양질의 시멘트와 무연탄을 안겨준 고마운 지질시대였다.

이어서 온천과 특별한 관계가 있는 중생대가 왔다. 중생대의 한반도에는 공룡이 살았다. 공룡들이 찍어놓고 간 발자국이 여러 군데 있다. 그러나 공룡이 살아가기에 아주 편안하지는 않았을 것 같다. 이때부터 신생대에 걸쳐 한반도는 격렬한 지각변동과 화산활동으로 땅이 흔들리고 화산이 터지고 마그마가 쏟아지는 그야말로 온통 '불의 바다'였기 때문이다. 그래서 한반도에는 의외로 화산지형이 많다.

경북 청송의 주왕산, 경북 의성의 금성산, 경남 통영, 전남 목포 유달산, 광주 무등산, 영암 월출산, 충북 제천의 월악산 등 대표적인 화산지형이 이때 생겨났다. 한반도에 이렇게 많은 화산지형이 있는 것도 처음 알았다. 화산이라면 그저 제주도려니 생각하고 살았는데 말이다.

화산지형이 만들어지는 것과 동시에 화산 폭발과 직접 관련한 화산성 온천이 수많은 곳에 형성되었을 것이다. 이제는 아무런 화산활동이 없지만 말이다. 그러나 과거 화산지형이었던 이 지역들에는 지금도 좋은 온천수가 곳곳에서 용출되고 있다. 청송의 월막온천, 의성의 탑산온천, 월출산의 월출산온천, 월악산의 수안보온천 등이다.

중생대가 온천과 관계가 깊은 이유는 바로 이때 생긴 화성암 때문이다. 화성암은 화산 폭발이나 지각변동으로 흘러나온 마그마가 식으면서 만들어진 암석으로, 한반도 암석의 37퍼센트 정도를 차지하고 있다. 그중에서 특히 온천과 관련된 화성암은 화강암과 현무암이다.*

한반도에서는 중생대 중기(쥐라기에서 백악기 초까지)에 대규모의 지각변동이 일어났다. 이를 대보

* 화강암은 마그마가 땅속 깊은 곳에서 서서히 식은 암석이고, 현무암은 지표를 뚫고 나온 용암이 빠르게 굳은 암석이다.

조산운동大寶造山運動이라고 하며, 이때 형성된 화강암을 대보화강암이라고 한다. 또한 중생대 백악기 초부터 신생대에 걸쳐 지각변동으로 형성된 화강암을 불국사화강암이라고 한다.

이와 같이 중생대의 거대한 화강암체들은 우리나라 여러 온천의 기반암이며 동시에 온천의 중요한 열원熱源이다. 백암온천, 덕구온천, 부곡온천 등을 비롯하여 우리나라 온천의 70~80퍼센트가량을 중생대 화강암체가 뜨끈하게 데워주고 있다. 중생대에 화산 폭발 등으로 마그마의 관입(貫入, 원래 있던 암석을 마그마가 뚫고 들어가는 것)이 없었으면 어쩌면 뜨거운 온천을 구경하지도 못했을 것이고, 아주 낮은 온도의 비화산성 온천을 주로 했을지도 모르겠다.

우리에게 많은 온천을 만들어주고 그 온천을 뜨끈하게 데워주고 있다니, "중생대야, 진짜 고맙다!"

신생대 무렵의 중요한 지각변동은 대륙 이동의 완성, 즉 한반도의 이사였다. 같은 대륙판에 붙어 있던 한반도와 일본은 서서히 떨어져서 한반도는 유라시아판을 따라 이동했으며, 갈라진 사이로 푸른 동해가 생겨났다. 그리고 울릉도·독도 같은 아름다운 화산섬이 생겨났다. 대략 지금과 비슷한 산과 해안선이 만들어졌고 동고서저東高西低 지형도 완성되었다.

이후에도 백두산이나 제주도, 철원의 현무암 협곡 같은 화산 폭발은 있었지만, 한반도 지형이 차츰 안정되면서 화산대에서

멀어져 갔다. 이렇게 살짝 화산대에서 물러나준 신생대 덕분에 우리는 비교적 지진이나 화산의 재해로부터 안전하게 살고 있는 것이다.

얼마나 고마운 신생대인가!

한반도의 지질시대는 어느 것이나 고맙지 않은 것이 없다.

한탄강 유네스코
세계지질공원

동그란 지구본을 요리조리 굴리면서 보면 한반도는 참으로 조그마합니다. 그런데 이 작은 땅덩어리가 지나온 복잡하고 다양한 지질학적 역사를 보면, 정말로 고맙고 기특하기까지 하지요. 이렇듯 역동적인 우리나라 지질의 역사를 정작 우리는 잘 모르고 있지만, 외국에서는 이미 인정받고 있답니다.

국제연합 전문기구인 유네스코에서는 국제적인 지질학적 중요성을 지닌 장소와 경관의 보호, 교육, 연구 및 지속가능한 발전을 도모하기 위해서 세계 여러 곳에 세계지질공원을 지정하고 있어요. 바로 유네스코 세계지질공원UNESCO Global Geoparks: UGGp입니다.

우리나라에도 유네스코에 등재된 지질공원이 있습니다.

- 제주도 유네스코 세계지질공원http://www.jeju.go.kr/geopark
- 청송 유네스코 세계지질공원https://csgeop.cs.go.kr
- 무등산권 유네스코 세계지질공원https://geopark.gwangju.go.kr

2020년에는 경기도 포천·연천, 강원도 철원을 흐르는 한탄강 지역http://www.hantangeopark.kr/이 세계지질공원으로 정식 지정되었지요.

우리나라에 이렇게 많은 지질공원이 있는 줄 몰랐습니다. 알았다면 주말이나 휴가 때마다 어디로 갈까 고민하지 않고 아이들을 데리고 이런 지질공원에 다녀왔을 텐데 말이죠.

사실 온천을 공부하면서 처음으로 지질공원에 가보았습니다. 지질공원이 어떤 곳일까 아무것도 떠오르지 않았는데, 실제로 직접 가

보니 세계적인 공원에 등재된 데에는 그만한 이유가 있었네요. 일단 눈이 즐겁고, 풍경이 완전히 색달랐습니다. 여기가 우리나라 맞나 싶었지요. 주변에서 쉽게 볼 수 없는 원시적인 강인함과 낯선 풍경에 압도되는 기분을 직접 느껴보기를 적극 추천합니다.

특히 한탄강 세계지질공원은 우리나라에서는 처음으로 강을 중심으로 세계지질공원에 등재된 곳입니다. 강이라 배를 타고 강 위에서 기암괴석들을 즐길 수 있어 무척 흥미로웠습니다.

경기도 포천과 연천, 강원도 철원 일대를 권역으로 하는 한탄강 세계지질공원에는 선캄브리아기에 형성된 편마암 복합체 위에 중생대의 대보화강암이 분포하고 있으며, 그 위의 일부 지역을 신생대 제4기의 현무암이 덮고 있지요. 한탄강을 따라 화강암과 현무암 침식 지형이 발달했을 뿐만 아니라 화산활동으로 인한 용암대지 형성과 하천의 발달 과정을 볼 수 있는 특별한 곳입니다. 특히 한탄강 대교천 현무암 협곡은 지질학적으로 매우 중요한 곳이라고 해요. 실제로 가서 보면 지질학적 중요성보다 눈앞에서 펼쳐지는 현무암 협곡의 웅장함과 기이한 주상절리 절벽은 마치 태고의 것을 그대로 보는 듯, 입이 다물어지지 않아요.

철원의 고석정 일대의
신생대 현무암(앞)과 중생대 화강암(뒤)

협곡을 따라 내려가다 보면 외롭게 우뚝 서 있는 고석孤石을 만나게 됩니다. 근처에 고석정이라는 누각이 있어 그 일대를 고석정이라고도 해요. 높이 15미터에 이르는 이 고석은 중생대에 만들어진 화강암 이후 신생대에 현무암에 뒤덮였다가 한탄강의 침식 작용으로 현무암이 깎여 나가고 다시 화강암 바위가 드러난 것이지요.

좀 더 하류에 있는 아름다운 화적연禾積淵도 그런 곳입니다. 화적연의 풍광은 옛 사람에게도 깊은 감동을 주었는지 겸재 정선을 비롯한 여러 문인들이 화적연의 아름다움을 화폭에 담았지요.

지질공원을 여기저기 돌아보다 잠시 쉬면서 바위에 걸터앉아 시원한 강바람을 쐬었습니다. 그러다가 문득 이런 생각이 들었습니다.

'나는 지금 무려 중생대의 화강암을 밟고 신생대의 현무암에 엉덩이를 걸터앉아 있는 게 아닌가! 아, 이 암석들에게 비하면 찰나 같은 생을 사는 내가 조그마한 몸으로 억만 년의 시간 차를 다 뛰어넘었구나.

시간이란 과연 무엇인가? 내가 가고도 계속 남아 있을 이 암석들이 인간보다 더 강하구나.'

아닌 게 아니라 곳곳에 중생대의 화강암 위에 아무렇게나 쌓여 있는 신생대의 현무암을 보는 순간 좀 기분이 묘하기도 했습니다. 아이, 어른 할 것 없이 누구라도 다양한 지질시대에 빠져든다면 사소한 일에 일희일비하지 않

철원 한탄강. 화강암 위에 뒹구는 현무암들

는 호연지기浩然之氣 같은 마음이 생길 것 같다고나 할까요.

게다가 많은 전문가들이 굉장히 편안하고 재미있게 관람할 수 있도록 온갖 정성과 배려를 더해 놓았으니, 꼭 가서 직접 보시기를 권합니다. 대단한 지질학적 지식이 없어도 성격 좋아 보이는 초록 공룡이 나오는 안내 만화에 모두 설명되어 있으니 아무 걱정 없이 구경하세요.

하얀색이 화강암, 검은색이 현무암

한탄강 지질공원에는 화강암과 현무암으로 된 계단이 있습니다. 한 단 차이인 중생대의 화강암과 신생대의 현무암 계단으로 시대를 뛰어넘어 보는 것은 어떨까요? 생각만 해도 근사하지 않나요?

아이들과 함께 즐길 수 있는 볼거리와 재미난 설명이 곳곳에 있으니, 꼭 한 번 가보시길 바랍니다.

05 우리 선조들은 온천을 발견하고 좋아했을까

지금까지 지구의 역사 속에서 지질학적 온천을 살펴보았다면, 이번에는 인문학의 역사 속에서 온천을 찾아보자. 우리나라에서는 언제부터 사람들이 온천을 이용했을까?

온천의 발견은 주로 동물과 연관되어 있다. 발견 설화는 일본도 그다지 다르지 않다. 백제시대 학인지, 신라시대 노루인지, 동물들이 찍어 발랐는데 좋더라는 것이 대체로 그 온천의 시작이다. 그렇다면 옛사람은 그 좋은 걸 발견하고 기뻐했을까? 노루처럼 자주 온천욕을 하러 다녔을까?

온천에 대한 이렇다 할 기록은 조선시대 이전에는 그다지 없는 것 같다. 고려시대에 김부식이 편찬한 『삼국사기』에는 백제의 온정군溫井郡이나 온수군溫水郡의 연혁 정도만 적혀 있다.

조선 후기에 편찬된 고조선에서 고려 말까지의 역사를 서술한 안정복의 『동사강목東史綱目』에는 고구려 왕이 왕위를 지키고자, 병을 핑계로 온천에 가서 놀고 있던 아우들을 불러들여 해코지했다는 내용 중에 단지 '온탕溫湯'이라는 단어가 나올 뿐이다. 고려시대에는 불교 행사에 앞서 목욕재계하는 의식이 있었다거나 송나라 역사서에 "고려 사람은 더운 여름날 밤 강가에서 남녀가 함께 목욕한다"는 글이 있지만, 온천 이야기는 아닌 듯하다.

온천에 대한 본격적인 내용은 조선 초기의 학자 성현成俔의 『용재총화慵齋叢話』에 등장한다. 그 내용은 그냥 한번 생각해본 것을 써놓은 듯하지만, 그나마 온천에 대한 과학적(?) 생각을 담은 유일한 문장이 아닌가 하여 옮겨본다.

> 당자서(唐子西. 중국인 문장가)의 『논탕천기論湯泉記』에 이르기를 어떤 설에는 "염주炎州의 땅이 몹시 더운 까닭으로 산과 계곡에 탕천이 많다" 하고, 어떤 설에는 "물에서 유황이 나오면 땅속이 따뜻하니 당초부터 남북을 가리지 않는다" 했으나, 지금 임동臨潼 탕천은 정서正西에 있지만 염주의 다른 물이 반드시 뜨겁지 않으니 땅의 성질에 관한 설은 이미 맞지 않은 것이다. 또 유황을 물속에 넣어도 물이 뜨거워지지 않으니 유황의 설도 역시 맞다고 할 수 없다. 내 생각에는 탕천은 하늘과 땅 사이에 자연히 따로 한 종류가 되어 있어 본래 그러한 성질을 받은 것뿐이지, 반드시 지성이나 유황으로 인하여 따뜻해진 것이 아니다.

이어서 경상도 영산현에 목욕하러 오는 일본인이 끊이지 않아서 임금에게 알리고 물을 막아버렸다는 이야기, 온양온천에 세종·세조가 다녀갔다는 이야기, 해주온천의 물이 뜨거워 채소

줄기가 익을 정도라는 이야기 등 몇몇 온천에 관한 내용이 있다.

이후 조선 성종의 명으로 노사신 등이 각 지역의 지리·풍속·인물 등을 자세히 기록하여 편찬한 『동국여지승람東國輿地勝覽』에는 각 지역의 온천이 간간이 언급되어 있다.

특히 23권 '동래현東萊縣' 온정溫井에 관한 기록을 살펴보면, "현의 북쪽 5리 떨어진 곳에 있다. 그 온도는 닭도 익힐 수 있을 정도이며, 병을 지닌 사람이 목욕만 하면 곧 낫는다. 신라 때 왕이 여러 번 오곤 하여 돌을 쌓고 네 모퉁이에 구리 기둥을 세웠는데, 그 구멍이 아직껏 남아 있다"고 기록하고 있다. 이어서 고려시대의 문신이자 문장가인 이규보李奎報·정포鄭誧·박효수朴孝修 등의 시가 실려 있다. 이 가운데 박효수의 시를 소개하기로 한다.

골짜기 깊숙한 곳 돌못(石塘)이 펼쳐져 있어
맑게 흐르는 물 가득히 괴어 있네.
(洞房深處開石塘 淨漾十斛盈汪汪)
허리에 닿을 듯 겨우 2자 깊이지만
따스한 연기 같고 안개 같은 것 그 주위에 김이 오른다.
(深可齊腰僅二尺 溫煙暖霧蒸其傍)
아름다운 촛불이며 붉은빛 등불이 물 밑을 비추고 있을 때
향내 어린 소매 걷고 부축해 탕에 들어갔다.
(畵燭紅燈照水底 半揎香袖扶入湯)
고운 손 자주 놀려 늙은이 등을 닦아줌은 부끄러운 일이지만

때 낀 살갗이 상설(雪霜)처럼 녹아내린다.

(愧煩纖手洗鮐背 垢膩鱗甲消雪霜)

마고(麻姑, 손톱이 긴 신선 할미)가 가려운 데 긁어주듯 상쾌하고

더운 땀 얼굴에 나서 맑은 물 흘러내린다.

(快如麻姑爬癢處 熱汗發面流淸漿)

목욕을 마치고는 천천히 흰 모시로 닦고

머리를 말린 다음 침상에 쓰러지듯 누웠다.

(浴罷徐徐拭白紵 晞髮頹然臥一床)

몸이 가볍고 뼛속까지 시원하여 골수를 바꾼 듯하니

어찌 표표히 나는 학의 등과 날개가 부러울쏜가.

(身輕骨爽若換髓 何羨飄飄鶴背翔)

이 몸과 이 세상 까마득히 잊어버리고 달게 한잠 자니

황홀하게 꿈속에서 무하유지향(세상을 벗어난 이상향)에

노니는 듯하구나.

(頓忘身世得甘寢 恍惚夢遊何有鄕)

깬 뒤에 다시 나그네의 몸으로 돌아가

역마의 먼지가 옷을 더럽힐 것이라네.

(覺後還爲行路客 驛騎塵土汚衣裳)

(『온천지溫泉誌』, 내무부, 1983, 참조)

『조선왕조실록』「세종실록」에는 온천과 관련된 여러 가지 민원이 주로 나온다. 왕과 공주·왕자 같은 귀족이 온천 마을에 머

무르면서 경비를 너무 많이 써서 경비를 충당하는 백성이 힘들다는 내용이 많고, 왕과 귀족이 온천을 가려 하니 집을 고치라는 내용도 있다. 더러는 병든 부모를 온천에 모시도록 휴가를 허락한다는 내용도 보인다.

흥미로운 점은, 광평대군(세종의 다섯째 아들) 부인이 동래온천에 오래 머물러서 왜인倭人이나 다른 사람이 온천하기 불편하니 빨리 불러들여 달라고 대신들이 주청했다는 내용이 여러 차례 나온다는 점이다. 과연 이런 부분까지 실록에 기록하다니, 모든 사실을 빠짐없이 기록한 그 자체로 놀랍기는 하다. 그러나 대신들이 임금에게 왜 그런 주청을 했을까가 더 궁금하다. 무슨 이유야 있었겠지만, 약간 우습다는 생각도 든다. 광평대군 부인은 '조선시대 아녀자'가 왜 그리 오랫동안 집에 가지 않았을까? 어쩐지 그 이유가 퍽 궁금하다. 훗날 이 일을 막지 못한 친정아버지 신자수申自守가 파직되었다고 한다.

「세종실록」에서 세종 21년(1439년) 2월의 일을 기록한 부분이 가장 눈에 띈다. 온천을 발견하고 관청에 알리면 상을 주고, 은폐하고 알리지 않은 것이 발각되면 엄한 벌을 내린다는 대목이다.

'부평온천' 항목에는 부평 사람들과 아전이 온정(溫井)이 있는 것을 감추고 알리지 않아 왕명을 어긴 죄로 이미 벌을 받았으나 조금도 두려워하지 않고 "굳게 숨긴다면 영영 수고하고 소요스런 폐해가 없을 것이다"라고 말했고, "나이 많은 백성들이 필연코 보고 들은 것이 있을 터인데 타일러도 고하지 않는다"라면서

京畿
敬差官司宰副正李師孟啓各官温井可疑處隨其𤔡氷輒掘鑿試之
但富平人吏隱諱温井者雖入居四鎭其後又無論罪之法殊無畏懼
之意自以爲固諱永無勞擾之弊竊念下三道無罪人吏亦且連年入
居此邑人吏不畏上命故犯横逆之罪當用重典土豪人吏雖刷入居
亦無傷也留鄕品官土姓品官一邑之事可能勢知然無論罪之法匿
不以告且年老居民必有見聞恃其老不加刑雖諄諄開諭亦不之告
請依人吏例定限推訪過限不告者徙諸他鄕若有盡心開諭能使現
世宗實錄 卷第八十四 十七
告者並令褒賞遂傳旨師孟曰如今農事將興其始掘鑿者務停爲限
隨宜畢掘所在各官能尋訪温井以告者一依已曾傳敎賞之如有隱
諱不告而後有敗露者重論其罪宜曉諭各官

『조선왕조실록』 세종 21년 2월 기사

농번기가 지나면 다시 문초하겠다는 기록이 있다.

그야말로 혈안이 되어 간절하게 온천을 찾는 지배계급과 숨긴 것이 들통나면 살던 마을에서 쫓겨날 정도로 형벌이 가혹해도 온천이 있다는 사실을 끝내 숨기려 하는 백성을 보니, 지배계급의 횡포로 온천이 민초들에게 마냥 반갑지만은 않은 대상이었던가 보다.

나는 우리나라에 이렇게 좋은 온천이 많은데, 반만 년의 역사 속에서 몇천 년을 이어오는 온천이 어째서 손에 꼽을 정도뿐일까 하고 항상 의아하게 생각해왔는데 어느 정도 이해의 실마리를 찾은 듯하다. 어쩌면 우리나라에서 온천은 '드러내고 싶지 않은 것'이었을 수도 있겠다 싶어 씁쓸한 생각이 들었다.

노동에 지친 고단한 삶 속에서 뜨끈한 온천이 발견되었다면 얼마나 반갑고, 또 저녁마다 몸을 담그고 싶었겠는가. 그 시절에 백성들은 다쳤어도 의원을 청하거나 치료받기가 쉽지 않았을 것이다. 늙고 병든 가난한 백성들이야말로 온천이 절실했을 것이다. 하지만 그마저도 수탈의 대상이 되어 괴로울 뿐이니, 숨겨야 하는 심정은 어땠을까 싶다. 그리고 그 수탈의 폐해가 얼마나 심했으면 그랬을까 싶은 생각도 들었다.

아무튼 세종과 세조 같은 임금이 주로 찾았던 온양溫陽온천에 행궁行宮도 지었다. 세종과 문종 때는 가끔 일반인에게도 목욕이 허락되었다고 한다. 말 그대로 '허락'이었다.

우리나라의 온천은 아주 소수의 지배계급만 이용했던 것 같다. 온천을 발전시키고 대중화하는 일과는 한참 거리가 멀었다. 현재의 백암온천에 고려시대 신미선사信尾禪師가 창건한 백암사의 승려가 욕탕을 지어 환자들을 돌봐왔다는 기록이 있기는 하다(조선시대까지의 기록뿐이고 현재 그 절은 없어졌다).

전체적으로 보면, 더러 목욕을 했다든가 개울가에서 멱을 감았다든가 하는 기록은 있지만 딱히 많은 사람, 특히 일반 백성이 온천을 대중적으로 이용했다는 이야기는 드물다. 오히려 좋은 온천이 있는 것이 알려져 귀족이 오거나 병자가 몰려들면 고달파져서 온천이 있다는 사실조차 숨기려 했던 것이다.

그러다가 일제 강점기에 접어들면서 우리의 온천은 우리와 함께하지도 못하고, 우리에게 사랑받을 틈도 없이 호시탐탐 우리나라를 노리던 외세에 수탈의 대상이 되고 말았다.

06 외국의 온천들은 어떻게 이어졌을까

지구 곳곳에는 생각보다 온천이 굉장히 많다. 특히 '불의 고리', 즉 일본 열도에서 로키산맥과 안데스산맥을 걸쳐 남태평양에 이르는 환태평양조산대에 인접한 국가들에 온천이 많다는 것은 잘 알려져 있다. 그 외에 알프스-히말라야 조산대에도 온천이 있고, 이탈리아에서 그리스·터키에 걸쳐 뻗어 있는 지중해 화산대에도 많은 화산성 온천이 있다. 또한 메마르고 건조한 땅 아프리카에도 온천이 있다. 에티오피아에서 시작해 우간다와 탄자니아에 이르기까지 아프리카를 남북으로 가르는 대지구대大地溝帶에 있는 온천이다.

미국 옐로스톤 국립공원의 온천

미국에는 서부의 로키산맥 부근에 온천이 많고, 남아메리카의 안데스산맥이나 뉴질랜드에도 온천이 많다. 그러나 이 온천들은 치료와 요양보다는 관광이나 휴양의 장으로 애용되고 있다. 미국에서 온천으로 인정하는 온도의 기준은 21.1도(화씨 70도)다.

터키 파묵칼레 온천

한편 유라시아 내륙부의 온천, 타이완의 천연라듐온천, 유럽 최대의 온천 호수인 헤비츠 온천, 터키 남부의 고대도시 유적 히에라폴리스 언덕에 있는 파묵칼레 등과 같은 비화산성 온천도 많다. 특히 활화산이 없는 독일, 체코, 프랑스, 러시아 등지에는 비화산성 온천이 여기저기 많다.

그런데 아이러니하게도 온천을 가장 이상적으로 이용하고 있는 지역은 비화산성 온천 지대인 유럽이다. 비화산성 온천인 만큼 기준 온도도 비교적 낮다. 유럽 온천의 온도 기준은 20도다.

유럽은 온천수의 온도보다 함유되어 있는 화학 성분을 중요하게 여긴다. 특히 독일은 온천에 함유된 화학 성분에 관한 연구가 이미 1950년대 들어서 완성에 이르렀고 이를 기반으로 온천을 치료에 이용하기 시작했다.

제2차 세계대전 이후 서독은 크고 작은 온천지에 쿠르하우스Kurhaus라는 치료·보양 시설을 갖추고 식이요법이나 물리요법 같은 통합 치료를 함께 실시해왔다. 의사의 진단에 따라 사회보험국社會保險局으로부터 허가를 받으면 저렴한 요금으로 장기 체류하면서 요양과 보양을 할 수 있다.

독일뿐만 아니라 유럽의 많은 온천이 병의 치료와 재활을 돕는 요양 온천으로서 보험 적용을 받고 의사의 처방에 따라 운영되고 있다.

유럽에서 온천의 역사는 굉장히 길다. 독일 바덴바덴 Baden-Baden, 프랑스의 루르드Lourdes와 비시Vichi, 영국의 바스Bath, 체코의 카를로비바리Karlovy Vary 등등 오래되고 유명한 온천지가 많으며 목욕과 음용으로 온천을 애용하고 있다. 온천의 온도가 비교적 낮고 수질이 좋지 않은 지역에서는 물을 대신해서 온천수를 마시기도 하는데, 주로 온천에서 목욕하는 우리와 또 다른 점이다. 특히 고대 로마인은 온천을 굉장히 좋아해서 점령했던 유럽 각지에 온천을 개발했고 그중 다수는 지금도 이용되고 있다.

서양의 역사에서 온천은 종교나 정치권력에 의해 다양하게 활용되었다. 효능이 좋은 샘물과 온천은 일찌감치 교회가 소유했으며, 헨리 7세의 어머니 마거릿 왕비는 예배당을 짓기도 했다. 성천聖泉으로 거듭난 온천에 특정 성인의 이름을 붙이기도 했고, 신성神聖에 의한 치료나 세례에 이용되기도 했다.

마법 같은 효능을 지닌성천은 돈을 받고 거래되기도 했다. 요즘으로 치면 휴대용 향수병 같은 작은 목걸이형 용기에 온천수를 넣어서 부적처럼 판 것이다. 이 부적들은 온천 순례를 다녀온 기념품이 되었다.

귀족이나 일반인 모두 온천 순례를 열망했다. 온천 순례를 떠

나는 어떤 남편은 자기가 돌아오지 않으면 아내에게 재혼해도 좋다면서 떠났다고 하니, 온천 순례가 보통 일은 아니었나 보다. 그러나 그들의 온천 순례는 신나는 여행이자 모험이었고 치유이기도 했으며, 두고두고 우려먹는 평생 자랑거리이기도 했다.

이런 환상 속에 있던 서양의 온천 문화는 종교개혁으로 새로운 전기를 맞았다.

> 성천聖泉이 간직한 치유의 힘은 물 자체가 갖고 있는 화학적 성분 때문이라기보다는 근원적으로 초자연적인 권위로부터 왔다고 여겼다. (……) 종교개혁이 이른바 '미신적인' 물의 사용을 파괴하는 작업을 수행했기 때문에 대안으로서의 '과학적인' 물의 사용이 대두할 수 있었다는 것이다. 따라서 이 과정에서 등장한 수치료학水治療學이 과거 순례자들이 필요로 하던 요구를 충족시켜 줄 뿐만 아니라 물 자체를 소중한 자원으로 인식할 수 있게 하는 기초를 다졌다.(설혜심, 『온천의 문화사』, 한길사, 2001.)

이렇게 서양에서 온천은 사람들을 치유해주었고 숭배와 사랑으로 보답을 받았다. 현재 서양에서는 온천의 효능을 과학적으로 연구할 뿐만 아니라 그러한 지식을 활용하여 온천을 의학적·보건적으로 잘 이용하고 있다. 또한 온천 치료에 의료보험이 적용되고 있으며, 도서관과 카지노 등의 여가시설을 갖춘 요양 온천도 적지 않아 많은 사람이 장기간 머물면서 온천의 혜택을 누리고 있다.

일본은 발전된 유럽의 온천 연구를 기초로 온천을 연구하기 시작했다. 특히 초기의 온천 지식과 기술은 대부분 독일에서 온 것이었다. 또한 일본의 온천은 유럽인을 통해 널리 알려졌다. 대표적인 사례로 독일인 의사 에르빈 벨츠Erwin Bälz는 구사쓰草津 온천을 세계에 알렸다(이러한 공헌으로 구사쓰 온천에는 벨츠 기념관이 있다).

일본에서는 여전히 독일의 온천들을 연구하고 있는데, 현재 목표는 온천을 의료보건 체계로 정비하여 예방의학을 좀 더 적극적으로 실시하는 것이다. 따라서 의료비의 부담을 낮추고, 노령 인구의 삶의 질을 개선하며 동시에 소멸해가는 지방 경제를 살리는 것까지 목표로 하고 있다.

07 우리나라에서의 본격적인 온천 연구

우리나라에서도 유럽과 같이 온천에 대한 관심과 접근이 있었으면 참 좋았겠지만, 온천에 대한 과학적인 전국 조사는 안타깝게도 일제 강점기가 시작되자마자 일본이 추진한 것이었다.

1913년 조선총독부 산하 경무총감부에서 펴낸 『조선광천요기朝鮮鑛泉要記』의 서문에 다음과 같은 내용이 있다.

> 조선의 광천은 훌륭하나 일반인이 관심을 갖는 일이 없고, 이러한 영액(靈液, 온천수)을 하찮게 내버려두는 불우함을 아깝게 여겨 경무총감부는 유감으로 여기고 메이지 43년1910 처음으로 광천 조사에 착수했다. (……)
> 광천의 소재지는 산간벽지에 있어 교통 불편이 심각해 모든 광천이 전문학적 시험을 거치지 못한 것은 유감이나, 각 관헌이나 욕탕 경영자가 별기의 방법으로 채취하여 보내면 경무총감부가 시험을 거쳐 성적을 표기하는 데 힘을 아끼지 않을 것이다. (……)
> 완벽을 기하여 이것을 참고로 광천의 소재를 찾아가면 반

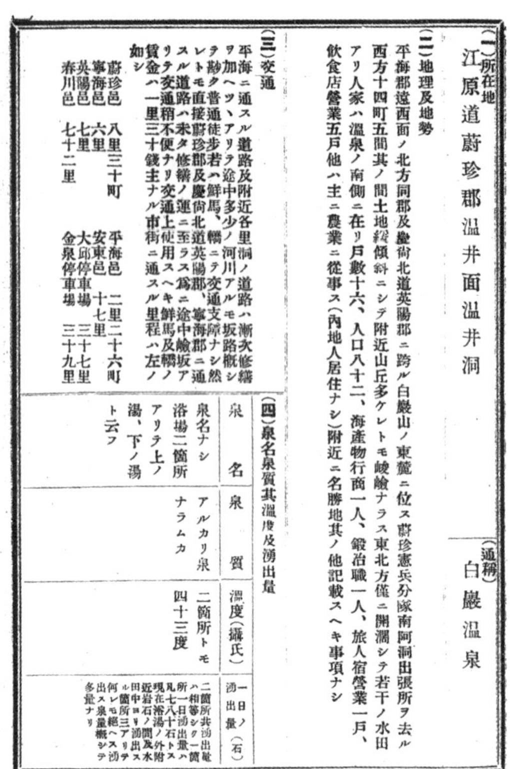

(一)所在地 江原道蔚珍郡温井面温井洞 (通稱)白巖温泉

(二)地理及地勢

平海郡遠西面ノ北方同郡及慶尚北道英陽郡ニ跨ル白巖山ノ東麓ニ位ス蔚珍憲兵分隊南阿洞出張所ヲ去ル西方十四町五間其ノ間土地緩傾斜ニシテ附近山丘多ケレトモ峻嶮ナラス東北方僅ニ開濶シテ若干ノ水田アリ人家ハ温泉ノ南側ニ在リ戸數十六、人口八十二、海産物行商一人、鍛冶職一人、旅人宿營業一戸、飲食店營業五戸他ハ主ニ農業ニ從事ス(内地人居住ナシ)附近ニ名勝地其ノ他記載スヘキ事項ナシ

(三)交通

平海ニ通スル道路及附近各里洞ノ道路ハ漸次修繕ヲ加ヘツヽアリテ途中多少ノ河川アルモ坂路概シテ嶮ク普通徒歩若ハ鮮馬、轎ニテ交通支障ナシ然レトモ直接蔚珍郡及慶尚北道英陽郡、寧海郡ニ通スル道路ハ未タ修繕ノ運ニ至ラス為ニ途中嶮坂アリテ交通稍不便ナリ交通上使用スヘキ鮮馬及轎ノ賃金ハ一里三十錢主ナル市街ニ通スル里程ハ左ノ如シ

蔚珍邑 八里三十町　平海邑 二里二十六町
寧海邑 六里　安東邑 十七里
英陽邑 七里　大邱停車場 三十七里
春川邑 七十二里　金泉停車場 三十九里

(四)泉名泉質其溫度及湧出量

泉名	泉質	溫度(攝氏)	一日ノ湧出量(石)
泉名ナシ浴場二箇所アリテ上ノ湯、下ノ湯ト云フ	アルカリ泉ナラムカ	二箇所トモ四十三度	二箇所共湧出量ハ相等シク一箇所一日湧出量ハ凡七八十石トス現在浴湯ノ外附近岩石ノ間及水田中ヨリ湧出スル箇所三アリテ何レモ絶ヘス湧出ス泉量概シテ多量ナリ

『조선광천요기』 증보판(1915) 표지와 백암온천에 대한 기록

드시 유수의 경치에 도달하여 산수의 기운을 받으며 만끽할 수 있도록 할 것이니, 광천 즉 몸 건강에 좋은 온천과 더해 풍취·경치로 심신을 상쾌하게 하여 한없이 인사 다망한 현대 사회에 필요한 천흥이 되게 할 수 있겠다.(……)

이때 광천鑛泉이라 한 것은 온도의 높고 낮음을 가리지 않고 좋은 성분이 있는 물을 모두 조사하고, 온천을 넓은 의미의 광천에 포함시켜 광천 중에서 따뜻한 것을 온천으로 여겼기 때문이다.

물론 여기서 '천흥'을 즐기는 자는 조선으로 넘어온 일본인을 말한다. 일본이 『조선광천요기』를 펴낸 목적은 무엇보다도 조선의 자원을 파악하여 수탈하기 위한 것이지만, 일본에서 많은 일본인들이 조선으로 이주하여 쉽게 정착하여 살 수 있도록 하는 것에도 목적이 있었다.

『조선광천요기』에는 입욕비가 얼마이고 인구수가 몇 명이니 예상 수입이 얼마 정도된다는 문구도 있다.

실제로 백암온천의 조사 내용에는 알칼리성이라는 천질泉質, 온도, 하루 용출량 등이 상세히 기록되어 있다. 그뿐만 아니라 그 부락에 살고 있는 가옥 수와 인구수, 부락민의 직업, 여관과 식당이 몇 곳인지 등이 적혀 있다.

해운대온천이나 동래온천 등 그 밖의 온천에 대한 조사 내용도 이와 비슷하다. 또한 온천뿐만 아니라 광천에 이르기까지 탄산천이니 유황천이니 천질을 명시하고 있다. 이것이 1910년의 일이었다.

이렇게 착취를 목적으로 작성한 전국 단위의 조사서로 『조선광천요기』뿐만 아니라 지하의 광물자원을 대상으로 작성한 『조선지질요보朝鮮地質要報』도 있다. 나라를 빼앗긴다는 것은 모든 것을 빼앗긴다는 뜻이라는 것을 실감하는 순간이었다.

해방 이후 우리나라에서 전국의 온천을 조사한 결과를 기록한 '온천 보고서'가 바로 1983년 내무부에서 펴낸 『온천지溫泉誌』다.

이때 비로소 온천에 관한 개괄적인 정의와 우리나라 온천의 기원起源과 성인成因에 관한 연구, 각 온천지에 대한 지질 조사, 각 온천의 대략적인 상황과 온천공溫泉孔에 대한 실태 조사, 과학적 성분 분석과 의학적 효능 등에 관한 전반적인 연구가 이루어졌다.

『온천지』는 대체로 일본의 온천 지식을 기초로 한 자료이지만, 우리나라의 온천에 관한 첫 연구로서 중요한 자료라고 생각한다. 다만 조사 대상 온천이 남한의 대표적인 온천 14군데뿐이라는 점이 아쉬움으로 남는다.

『조선광천요기』와 『온천지』를 비교해보면, 흥미로운 부분이 눈에 띈다. 두 가지 모두 일본의 온천 지식과 기술을 동원하여 작성된 자료라는 공통점이 있지만, 『조선광천요기』에서는 칭송해 마지하지 않던 우리 온천이 갑자기 『온천지』에서는 하찮게 다룬 것을 곳곳에서 확인할 수 있다. 마치 이솝 우화의 「여우와 신포도」를 읽는 느낌이 든다. 물론 개인적인 느낌이지만 분명히 한국 온천 보고서인데, 불필요하게 일본 온천과 비교하면서 일본 우월주의에 편승하는 모양새다. 『온천지』 또한 40여 년 전에 작성된 것이라 지금의 정서와는 사뭇 다른 부분도 있을 것이다.

이런 자료를 비교해보면 우리 온천을 제대로 알고 지키는 것은 다른 누구도 아닌 우리 스스로의 몫이라는 생각이 다시금 들었다.

1983년 이후에는 이렇다 할 전국적인 온천에 관한 연구를 찾아보기 어렵다. 물론 우수한 연구자들과 연구자 개인의 학문적 성과는 있었지만, 종합적으로 정리된 통합적인 온천 연구는 나오지 않았다. 다만 개인이 사업적으로 온천을 굴착할 때 필요한 온천 업소마다의 자료를 소유자별로 가지고 있는 정도다.

온천에 관한 통합적인 연구와는 별도로 행정안전부에서는 매년 전국의 온천 현황을 조사하여 『전국 온천 현황』을 펴낸다. 그러나 이 조사는 온천 행정의 기초 자료로 온천의 효율적인 이용과 관리 측면에서 이루어지는 것이지, 온천에 관한 지질학적·의학적 연구 자료는 아니다.

『2020 전국 온천 현황』에 따르면, 2019년 기준으로 온천 업소는 589개소, 온천 이용자 수는 6381만 7천 명에 이른다. 총인구수를 넘는 사람들이 온천을 이용하는 상황을 보더라도 좀 더 수준 높은 온천에 관한 지질학적·화학적·의학적인 개별 연구뿐만 아니라 통합 연구가 필요한 시기가 되었다고 생각한다.

08 우리나라 온천은 어떤 온천일까

이제 과학적으로 우리나라 온천을 살펴보자. 우리나라 온천은 어떤 온천일까?

온천은 생성 기원, 화학적 성분(천질), 수소이온 농도, 온도 등 여러 가지 기준으로 분류할 수 있다. 그중에서 온천이 어떻게 만들어졌는가 하는 온천의 생성 기원에 따라 분류해보면, 앞서 보았듯이 크게 화산성 온천과 비화산성 온천으로 나뉜다.

그렇다면 우리나라의 온천은 화산성 온천일까, 비화산성 온천일까?

『온천지』에 다음과 같은 설명이 있다.

> 쥐라기에 관입한 대보화강암체와 백악기~고제3기*에 관입한 불국사화강암체 내의 온천의 열원도 이들 화강암류와 밀접한 관련이 있는 것으로 생각된다. 또한 이들 화성암류와 관계되어 이 지역에 열수성 금속 광상도 많이 분포하고 있다.

* 지질시대의 신생대 제3기를 둘로 나눈 시기의 전반기다. 대체로 2600~6500만 전의 기간을 가리킨다.

우리나라 온천과 화강암체 열원에 관련된 언급은 셀 수 없이 많다. 중생대 쥐라기에 생성된 대보화강암과 백악기의 불국사 화강암체가 우리나라 온천의 70~80퍼센트를 데워주고 있다고 한다.

그런데 『온천지』에는 현재 우리나라에 활화산이 없기 때문에 우리나라의 온천을 일괄적으로 비화산성 온천으로 분류했다. 그러나 이러한 분류에는 의문이 남는, 또한 전적으로 동의하기 어려운 부분이 있다.

온천에 관한 연구로 치자면 일본을 빼놓을 수 없다. 일본의 온천 연구는 에도江戶 시대부터 있어 왔다. 그런 온천의 과학적 규명과 맥락을 같이하는 단체로 대표적인 곳이 일본온천과학회日本溫泉科學会다. 1940년에 창립한 일본온천과학회는 약 80년의 역사를 자랑한다. 온천에 관해 의학적·공학적·종합적으로 연구하는 일본온천과학회는 현재 일본 정부의 온천 정책에 자문단 역할도 하고 있다.

이러한 일본온천과학회에서 펴낸 『온천학 입문温泉学入門: 温泉への誘い』(日本温泉科学会 編, コロナ社, 2005)에는 다음과 같이 화산성 온천을 설명한다.

> 화산의 지하 수 킬로미터부터 수십 킬로미터에는 마그마가 부분적으로 모여 있는 마그마 덩어리가 있다. 마그마 덩

> 어리에는 고온(약 800~1200도)의 마그마와 고온·고압의 화산가스, 열수熱水 등이 포함되어 있고, 단층 같은 균열이 있으면 그 약한 부분을 따라서 지상으로 용출한다. 지하에 있는 단층 등의 균열에는 빗물 등이 스며들어간 지하수가 고인다. 마그마 덩어리의 고온·고압의 화산가스와 열수 등이 지하 균열 가운데에서 지하수와 접촉하면, 화산가스와 열수의 열과 함유 성분이 지하수에 들어가 섞여 고온의 온천수가 된다. (……)
> 많은 경우 이처럼 고온·고압의 화산가스와 열수의 열이 지하수와 섞여 지하수가 데워지는데, 마그마 덩어리와 고온 암체로부터 열이 전도됨에 따라 지하수가 데워지는 경우도 있다.
> 눈에 보이는 활동적인 화산은 없는 것 같은 장소에도 지하에 고시대의 화산 기원의 고온 암체가 있으면 그 열의 전도에 따라 지하수가 따뜻해져 온천이 생기기도 한다.

즉, 눈에 보이는 화산활동이 없어도 고시대 기원의 화산 암체가 열원인 것을 화산성 온천으로 분류하고 있다. 고시대 기원의 화산 암체에는 중생대의 화강암도 포함되어 화강암체가 데우는 온천도 화산성 온천으로 분류하고 있다.

이런 기준의 화산성 온천 분류는 또 있다.

『온천의 과학温泉の科学』(西川宥司, 日刊工業新聞社, 2017)에는 다음과 같

이 온천의 기원을 설명한다.

> 화산 타입 온천에서는 열원이 마그마로, 그 주위의 파쇄대나 균열 부분에 밀집된 지하수의 저류장貯溜場에서 온천이 생겨나는 것이다. 열원이 마그마가 아니더라도 고온의 암체나 방사능 붕괴에 따른 열원이 있고 지하수가 모이는 곳이 있으면 온천이 형성되어 저장된다.

실제로 화산성 온천과 비화산성 온천을 나누는 기준에는 원천수의 용출 온도도 포함된다. 화산성 온천은 상대적으로 용출 온도가 높고 비화산성 온천은 상대적으로 온도가 낮다. 뒤에서 자세히 다루겠지만, 용출 온도를 기준으로 45도 이상이면 고온천으로 분류한다.

1983년의 『온천지』에 따르면, 수안보 53도, 온양 48도, 유성 49도, 백암 45도, 동래 66도, 해운대 61도, 부곡 67도 등으로 이 온천들이 고온천이고 그 열원이 화강암체임을 밝히고 있다. 그럼에도 우리나라 온천을 모두 비화산성 온천으로 규정한 이유가 궁금하다. 심지어 맨틀에서 생성된 가스가 온천수에 용출되는 온천들이 있는데도 말이다. 아마도 당시까지 이런 방면의 연구가 제대로 진행되지 않아서일 수도 있겠다.

나는 우리나라에 화산성 온천과 비화산성 온천이 모두 있다고 생각한다. 그리고 비화산성 온천에 대한 편견을 하나 꼬집고 싶다. 우리나라 온천을 비화산성이라 단정하고 대단한 가치가 없다고 폄하하는 시각이다. 이는 공부 부족 때문이라고 생각할 수밖에 없다.

앞서 보았듯이 현재 전 세계에서 온천을 가장 적극적으로 활용하는 독일, 체코, 프랑스 등의 온천은 주로 비화산성 온천들이다. 심지어 용출 온도도 상당히 낮아 온천의 기준 온도가 20도로 우리나라보다 낮다.

일본은 온천을 정비하는 초기 단계에서 독일 등의 온천을 모델로 삼았고, 지금도 그 활용 방식을 도입하려고 끊임없이 연구 중이다. 그런데 어째서 우리나라에서는 우리 온천을 비화산성이라 단정 짓고 대단치 않게 취급하는 것일까? 가기 힘든 남의 나라 온천을 부러워하기에 앞서 우리 온천부터 제대로 알아야 한다.

보통 사람들이 해외로 여행 가서 색다른 풍광의 온천을 만나면 그 온천의 진위를 떠나서 감흥을 느끼는 것은 충분히 이해할 수 있다. 추억으로 모든 것이 미화되는 게 당연하다.

그러나 온천을 연구하는 학자나 온천을 보호하고 관리·감독하는 사람들은 좀 더 온전하고 중립적인 자세로 온천을 대해야 할 것이다.

이제 우리나라 온천의 가치를 재평가하고 흩어져 있는 자료들을 정리하는 취지에서라도 과학적으로 온천에 관한 통합적인 조사와 연구 그리고 정비가 필요하다. 온천이라는 귀중한 자원으로 얻을 수 있는 것이 너무 많기 때문이다.

우리의 온천은 너무나 훌륭하다. 온천이 사람에게 줄 수 있는 것을 알리고 널리 이용하게 하는 것이 마땅하다.

지구의 깊은 붉은빛
금진온천

푸른 바다가 펼쳐진 낭만의 도시 강릉, 서퍼들이 사랑하는 금진 해변에 있는 금진온천입니다. 맞아요. 그 유명한 '지구의 레드' 붉은 탕의 온천이지요.

저도 온천이 문을 열자마자 이 붉은빛의 아름다운 온천님을 만나러 달려갔어요. 너무 예뻐서 바로 블로그에 글과 사진을 올렸는데 무엇보다 색깔이 몹시 매력적인 온천이라 많은 분의 관심을 받았죠.

처음 금진온천을 만났을 때의 인상적인 모습이 오랫동안 기억에 남았어요. 아침에 뭘 먹었는지는 기억나지 않지만, 온천의 기억은 어찌 그리 생생한지……. 참, 이상하죠? 항상 다시 오고 싶었어요.

'신비롭고 아름다운 온천님은 잘 있었을까?' 두근거리는 마음으로 들어선 온천은 처음 문을 열었을 때와 다름없이 깔끔하고 단정합니다.

탕 문을 열고 들어서니, 아늑한 공기. 음, 사르르 철분의 냄새, 바다 같은 냄새가 나요.

온천 욕장에 은은한 철분과 연한 흙냄새가 스며들었군요. 이 향기들이 금진온천의 또 하나의 개성이 되었네요.

이렇게 온천은 시간이 지나면서 배어드는 향기와 굳어져 가는 탕화湯花들로 저마다의 특색을 지니게 되죠.

KIGAM 한국지질자원연구원
대전광역시 유성구 과학로 124번지
Tel : 042-868-3392, Fax : 042-868-3393

성적서번호 : 120190678A

페이지(2)/(총 2)

7. 시험결과

(단위 : mg/L)

성 분 \ 시료번호	120190678-001
K	295
Na	10 000
Ca	544
Mg	1 160
SiO_2	6.38
Li	0.38
Sr	8.15
Fe	52.7
Mn	3.42
Cu	<0.30
Pb	<0.30
Zn	<0.30
F^-	<1.00
Cl^-	16 300
SO_4^{2-}	2 380
Total Solid	36 700
비 고	강원도 강릉시 옥계면 금진리 92-3(1호공)

성분 분석표

이 온천은 아름답기도 하지만, 온천의 성분도 굉장히 진해요. 성분 분석표를 한번 보실까요?

pH는 7.55로 중성에 가까운 약알칼리성, 용출 온도는 32.2도입니다. TS는 36700밀리그램입니다. 대단하죠? 일본 보양온천의 기준인 1000밀리그램보다 무려 36배가 넘어요. 금진온천은 굉장히 농도가 진하네요.

음이온으로 염화이온Cl^-이 16300밀리그램, 황산염SO_4^{2-}이 2380밀리그램이네요. 시원하겠죠, 진짜로. 양이온으로도 나트륨이 10000밀리그램입니다. 이렇게 염소Cl와 나트륨Na이 많으면 소금NaCl으로 결합하여 짤 수밖에 없겠죠. 물맛은 짭니다.

마그네슘이 1160밀리그램, 칼슘이 544밀리그램, 칼륨 295밀리그램, 철이 52.7밀리그램이나 되네요. 씁쓸한 맛도 있겠지요. 온천 물맛이 짜고 씁쓸하기에 충분한 양이 녹아 있어요.

철 성분이 이 정도라면 보기 드물게 굉장히 높은 수치죠. 철이온의 용출량만으로도 보양온천의 기준을 두 배나 넘어요. 철이온은 조혈작용에 아주 효과적입니다. 온천의 붉은색은 철이온이 염화나트륨과 반응해 산화철이 되면서 나타나는 색이에요. 게다가 철 입자가 아

© 민자연사연구소

주 작은 미세 입자인데다가 바나듐과 함께 섞여서 아주 예쁜 붉은색이 나오는 것 같아요. 바나듐은 여러 가지 색상으로 나타나는데 이 온천에서는 아주 예쁜 빨간색 계열로 나타나네요.

바나듐의 광물 결정 바나디나이트

바나듐이라는 원소의 이름은 스칸디나비아의 아름다움과 풍요를 상징하는 여신 바나디스Vanadís에서 따온 것입니다. 미의 여신다운 아름다운 색깔이죠. 바나듐의 광물 결정 바나디나이트는 보석 같은 색상의 미네랄 광물 원석으로 수집가들에게 사랑받고 있어요.

금진온천에서는 일반적인 온천과는 다른 느낌을 맛볼 수 있어요. 물이 몸에 착착 감기는 느낌이지요. 황산염과 철분·셀레늄은 모두 미끈거리는 촉감이 있는데, 이것들이 함께 용출되고 있으니까요.

온천이 끝나고 맨 나중에 맑은 물로 얼굴을 헹궈 보세요. 뺨 위에 물방울이 동글동글 맺히는 걸 보실 수 있을 거예요. 물론 알칼리성 비누로 씻어내면 안 보여요. 자, 이제 온천 들어가볼까요?

탕이 깊어 쑤욱 빠져드는 듯하고 묵직한 느낌이 온천수의 성분과 함께 일품입니다.

온도를 높인 뜨거운 온천물이 들어오기 시작하자, 곧바로 뜨거운 열을 타고 활기가 살아나 몸속으로 스며듭니다.

'그래, 바로 이거지!'

뜨거운 기운이 한층 더 온천의 느낌을 살립니다.

2380밀리그램의 황산염이 가장 먼저 깨어납니다. 성분이 진한 만큼 몸속으로 강하게 치고 들어옵니다. 즉시 근육과 뼛속까지 시원해집니다.

'아, 시원하다.'

부력도 크고 콜로이드 입자라 흡수력이 좋은데다 다량의 나트륨 덕에 몸이 빠르게 훈훈해져 옵니다.

몸이 뜨거워져서 맑은 냉탕에 살짝 담갔다가 다시 붉은 원탕으로 들어갑니다. 부들부들한 촉감, 물이 많아서 묵직한 느낌! 이내 몸이 후끈해집니다. 탕에서 잠시 나와 앉아 열을 식힙니다.

이 붉고 진한 온천님은 어디에서 왔을까요? 얼마나 깊고 먼 곳에서 여기까지 왔을까요? 물 색을 들여다보고 또 들여다봐도 싫증나지 않네요. 온도에 비해 실제 체감하는 열이 강하고 성분이 진해서 몸으로 침투압도 높은 온천이라 쉬어가면서 하시는 것이 좋아요. 그렇다고 온천의 온도가 낮으면 입욕감이 떨어지죠. 그러니 쉬어가면서 천천히 즐기세요. 매력적인 붉은 탕에 들고 나기를 반복하니 온천에 취한 듯이 몸이 나른해져 옵니다.

단정하게 정리된 간이침대에 잠시 누워서 쉽니다. 뜨거운 몸이 편안하

네요. 빠르게 뛰던 심장도 천천히 돌아옵니다. 시원한 냉수 한 잔, 열을 식히는 데 그만이죠.

창밖 푸른 동해의 바람을 맞으면 좋겠네요. 역시 성분이 진하고 열기가 두터운 온천답게 몸속의 심지까지 데우는 힘이 좋군요.

이제 그만 나갈까요? 어느새 이슬비가 내리는군요. 이제 그만 나가서 시원한 강릉의 바닷바람을 만끽하고 싶어요. 아름다운 온천님, 안녕히 잘 계세요. 또 오겠습니다.

09 우리나라 온천이 뜨거운 이유

우리나라 온천을 화산성 온천의 특성을 띠게 한 중생대의 거대한 화강암체들은 어떻게 온천을 뜨겁게 데울 수 있을까? 『한국의 온천』(김규한, 2007)에 다음과 같은 설명이 있다.

> 화강암이 열원으로 추정되기도 하며 화강암이 기타 암석에 비해 더 많은 열을 발생하고 있는 것으로 알려져 있다. 왜냐하면 화강암은 기타 암석에 비해 우라늄, 토륨 등의 방사성 광물의 함량이 높기 때문이다. 그래서 화강암체 내의 이들 방사성 광물의 붕괴 시에 많은 에너지를 발생하게 된다고 보고 있다.

화강암은 암석에 들어 있는 방사성 원소가 붕괴할 때 열을 내는데, 부근의 지하수가 그 열로 데워지면 온천수가 되는 것이다. 그리고 거대한 화강암체 어느 한 부분에라도 뜨거운 마그마의 지류가 열류든 가스든 추가로 열을 공급한다면 훨씬 더 강력한 열원이 되기도 한다. 한편에서는 화강암체와 온천의 열원이 관련 없다고 주장하지만, 명확한 근거는 제시하지 못하고 있다.

이제 우리나라 온천 가운데 비화산성 온천의 열원에 관해 알아보자.

비화산성 온천의 열원은 다름 아닌 심장이 뜨거운 지구 그 자체라고 할 수 있다. 『온천지』에 따르면 "정상의 지온地溫이 비화산성 온천의 열원으로 고려될 수밖에 없다. 화산지형 이외의 지역에서는 보통 지하로 100미터 깊어짐에 따라 3도 정도 지온이 상승한다. 이것을 지하증온율地下增溫率, geothermal gradient이라고 한다. 실제에서는 0.5~7도/100미터 상승 범위를 나타낸다"고 한다.

말 그대로 땅속으로 갈수록 온도가 뜨거워진다는 것이다. 깊은 땅속의 탄광에서 석탄을 캐는 광부들에 따르면 강도 높은 노동이기도 하지만 지하 갱도가 숨이 턱턱 막힐 듯 덥다고 한다. 지구 중심부의 온도가 6000도이니까 충분히 그럴 것이다.

지하에 특별한 열원이 있어 지열이 높은 곳에서는 고온의 온천수를 얻을 수도 있다. 우리나라의 대표적인 고온 지열 지역은 포항이다. 지열이 높은 포항에서는 석유 시추를 하다가 온천수가 나오기도 했다. 그곳이 포항온천이다. 포항온천의 원천수 용출 온도는 45도에 달한다.

요즘에는 굴착 기술이 발달하여 지하로 1킬로미터 정도 파고 들어가면 용출 온도 20~30도에 이르는 온천수를 확보할 수 있다. 우리나라에도 이런 굴착 온천이 많다. 심지어 전 세계에서 가장 깊이 굴착한 기록도 우리나라 온천에 있다.

행정안전부에서 발표한 자료에 따르면, 제주도에서 굴착한 호근온천은 심도가 무려 2003미터에 달한다. 그러나 개발이 중단되어 일반인들은 들어갈 수 없다.

일본에서도 도심 가까이에 굴착 온천이 많이 생겨났다. 섬나라인 일본은 당연히 해수가 섞여 있는 고농도의 염화물천이 많았으나, 요즘은 굴착 온천이 늘어나서 단순천의 비율이 점차로 높아지고 있다고 한다.

이외에도 온천의 열원으로 마그마에서 기원한 열점hot spot, 단층의 습곡에 의한 구조선構造線에 생긴 마찰열, 화학 반응열 등이 있다.

온천의 열원은 앞으로도 더 많은 연구가 필요한 부분이다.

10 온천의 기준 온도는 왜 25도일까?

생활이 여유로워지고 건강한 삶에 대한 욕구가 높아지는 요즘은 누구나 온천에 가고, 온천에 대해 여러 가지 이야기를 한다. 온천이 무엇인가 찾아보면 간단한 검색만으로도 '온천의 정의'쯤은 쉽게 찾을 수 있다. 그래도 법률에서 정한 기준을 한번 살펴보자.

우리나라의 「온천법」(법률 제3377호)에는 "온천이란 지하로부터 솟아나는 섭씨 25도 이상의 온수로서 그 성분이 대통령령으로 정하는 기준*에 적합한 것을 말한다"라고 규정되어 있다.

또한 특수법인 한국온천협회에서는 "25도 이상으로 인체에 유해하지 않은 것"으로 "온도, 화학적인 성질 등을 갖는 것이 보통의 물과 다른 점"이라고 정의한다.

그런데 여기서 한 가지 궁금증이 생겼다.

사람에게 따뜻하게 느껴져서 온천인데, 체온보다 낮은 25도는 따뜻하다기보다 오히려 시원한 온도가 아닌가? 왜 25도가

* 「온천법 시행령」 제2조(온천의 성분 기준): … '대통령령으로 정하는 기준'이란 다음 각 호의 성분 기준을 모두 갖춘 경우로서 음용 또는 목욕용으로 사용되어도 인체에 해롭지 아니한 것을 말한다.

1. 질산성 질소(NO_3-N)는 10mg/L 이하일 것
2. 테트라클로로에틸렌(C_2Cl_4)은 0.01mg/L 이하일 것
3. 트리클로로에틸렌(C_2HCl_3)은 0.03mg/L 이하일 것

온천의 기준 온도가 되었을까?

한 지역의 지하수 온도는 평균적으로 연평균 기온보다 1~4도 높다. 따라서 일반적으로 지역 연평균 기온보다 5도 정도 높은 지하수를 보통 온천수라고 한다. 그렇다면 우리나라의 연평균 기온이 20도나 된다는 뜻인가?

우리나라 연평균 기온을 알아보려고 기상대에 연락했더니, 국가기후데이터센터data.kma.go.kr로 문의하라고 알려주었다.

국가기후데이터센터에는 기후에 관한 많은 정보가 있다. 지진·화산의 최근 정보라든지, "2020년 7월 3일 영월군 동쪽에서 2.3 규모의 지진이 있었다"와 같은 뉴스에는 나오지 않는 정보도 있다. 황사 일수, 폭염 일수, 열대야 일수, 장마 등등 정말 다양한 이야깃거리가 있어서 재미있다. 날씨 정보가 궁금할 때 방문해보면 좋다.

어쨌든 국가기후데이터센터에 따르면 우리나라 연평균 기온은 '2019년 13.5도'라고 한다. 2017년에는 13도였는데 2년 사이에 0.5도나 올랐다. 아무튼 13.5도를 기준으로 한다 해도 25도에는 훨씬 못 미친다.

온천의 기준 온도는 누구나 25도라고 하는데, 왜 25도일까?

11 일본에는 시원한 온천도 있다

온천의 나라 일본에서는 온천을 어떻게 정의할까? 명실상부한 온천 대국이니만큼 우리와 어떤 차이가 있는지 살펴보자.

일본의 온천은 1948년 공표 이후 수차례 개정되며 시행해온 「온천법」에 따라 '땅속에서 용출하는 온수溫水와 광수鑛水 및 그 외의 가스로 (탄산수소 가스는 제외) 온도가 25도 이상인 것'과 '용존물질溶存物質의 총량을 포함, 19종의 특수 성분 함유량이 기준치에 달하는 것' 두 가지로 되어 있다. 특수 성분 18종의 기준과 용존물질 총량의 기준을 합쳐 19가지의 성분 기준을 갖췄다고 보면 된다.

간단히 25도 이상 온수이거나, 19가지의 특수 성분을 갖춘 것, 두 가지 중에 하나만 만족하면 「온천법」상의 온천으로 인정된다. 여기서 특수 성분의 농도 기준은 우리나라와 많이 다른데, 성분만 진하다면 온천으로 인정받기 때문에 시원한 광천도 온천으로 인정된다.

용출 온도에 상관없이 성분 기준으로 온천을 인정한 법률 조항은 우리나라에서 특히 참고해볼 만한 가치가 있다고 생각한다. 앞서 살펴보았듯이 우리나라에는 비화산성 온천이 많기 때문에 물의 온도가 낮은 경우도 많다. 아니, 저온천의 비율이 훨씬 높다.

『온천지』에서 우리나라 온천을 일괄적으로 비화산성 온천으로 분류해놓고, 기준 온도는 왜 25도로 높게 정했는지 여전히 의문이 풀리지 않는다.

비화산성 저온천이 많은 유럽은 온천의 기준 온도가 20도다. 기준 온도가 낮으면 훨씬 많은 광천이 온천의 범주에 포함되어 자유로이 이용할 수 있기 때문에 온천의 기준 온도는 중요한 부분이다. 아니면 따로 광천을 보호하는 장치가 필요하다고 생각한다.

일본에는 용출 온도가 높은 온천이 많다. 무려 100도에 육박하는 곳도 있다. 달걀을 삶아 먹고 채소나 해산물도 데쳐 먹을 정도다. 그래서 오히려 온도가 낮은 광천까지 아우르지 않아도 온천 자원이 넘쳐난다. 민간에는 좋은 온천이 지천으로 널려 있어 상대적으로 차가운 광천을 덜 이용하는 경향이 있다. 그런데도 법으로 정해서까지 광천을 온천의 범주에 포함해 알뜰살뜰 이용하고 있는 것이다.

나도 온천을 좋아해서 우리나라 전국의 온천을 모두 다녔다고 할 수 있다. 온천을 다니면서 가장 놀란 점은 우리나라에도 화학적 성질이 우수한 온천이 많다는 것이고, 가장 안타까웠던 점은 온도 기준에는 못 미치지만 훌륭한 광천이 많다는 것이다.

우리나라에는 『온천지』에 "우리나라의 평균 지하수의 화학 성분을 기준으로 하여, 어느 특정 성분이 많이 함유된 물이라면 광천鑛泉이라고 부르는 것이 적절하다고 본다"는 정도의 언급만 있을 뿐, 더 이상 광천에 대해 관심이 없는 것 같다.

몸에 좋은 물이라면 25도라는 온도에 꼭 얽매일 필요가 있을까? 반드시 그럴 이유는 하나도 없다. 온천의 화학적 성분이 우수해도 온도 기준 하나가 미달되어 어정쩡한 반쪽의 모습이라 온천이라고 떳떳하게 밝히지 못하는 곳이 너무나 많다.

더러는 온천도 아닌 주제에 온천인 척한다고 조롱의 대상이 되거나, 늘 온천의 진위를 묻는 사소한 시비에 시달리고 있다. 광천의 원천공源泉孔에서 우수한 성분이 펑펑 솟아나고 있는데도 말이다.

이런 광천들은 우수한 광천 성분을 전면에 내세우지 못하고, 온도 기준에 맞는 온천을 뚫어서 온천의 지위를 유지하려고 필사적이기까지 하다. 이는 비용이 부담되기도 하지만, 기존 광천의 근원을 훼손할 우려도 있다. 물론 광천이라는 개념을 모르지는 않지만, 법적으로 온천의 범주에 들지 못한 것이 가장 큰 아쉬움일 것이다.

어쩌면 온천이라는 단어가 주는 포근한 매력을 포기하지 못하는 것일 수도 있다. 또한 온도를 높이는 부담까지 있는 마당에 법적인 보호를 받지 못하는 이유로 포기하는 광천도 수없이 많을 것이다.

이렇게 훌륭한 자원을 잃는 것은 우리에게 너무 큰 손해다. 우리나라의 온천이 저온천이 많은 특성을 반영해 하루 빨리 광천도 쉽고 편안하게 대중이 이용함으로써 지구의 은혜를 더 널리 누릴 수 있기를 희망한다.

12 오래된 과거, 어두운 역사의 대답

다시 온도 기준으로 돌아가자. 일본의 온천 온도 기준 역시 25도다. 일본은 왜 25도인가? 일본의 연평균 기온은 가장 남쪽인 오키나와를 포함해도 17도 정도다. 여기에 5도를 더해도 역시 25도는 아니다. 한동안 이 간단한 의문은 이상하리만치 자료가 없어서 풀리지 않고 계속 남아 있었다.

그런데 뜻밖에도 '오랜 과거의 어두운 역사'가 그 답을 알려주었다. 일본은 청일전쟁에서 승리한 직후 시모노세키 조약(1895년)에 따라 타이완을 청나라로부터 넘겨받았다. 이때 일본은 발 빠르게 타이완을 포함한 국토의 연평균 기온을 측정했고, 이 기준으로 계산한 온천의 기준 온도가 25도였다.

그 후 타이완은 독립(1945년)했고, 일본의 「온천법」은 수차례 개정되었지만 이 기준만은 여전히 남아 있었던 것이다. 이것이 온천의 기준 온도가 25도인 이유였다.

그리고 알다시피 우리나라에는 해방 이후에도 많은 분야에서 일본의 것을 가져다 썼으니, 온천의 기준 온도 역시 그렇게 따랐을 것이다. 이제는 정치적 흑역사에서 비롯된 기준이 아니라 우리 자원을 아끼고 활용할 수 있는 새로운 온도 기준이 필요하다고 생각한다.

온천의 매력에 빠져들어 온천을 공부하면서 자연스럽게 일본의 온천에 대해서도 알게 되었다. 아니, 좀 더 정확하게 말하면 일본이 해놓은 온천 연구를 공부하고 나서야 온천이 얼마나 우리 몸에 이로운 것인가를 알았다. 그리고 그 공부를 토대로 온천을 다녀보니 우리나라의 온천이 굉장히 우수하다는 사실을 알게 되었다는 것이 순서에 맞겠다.

일본은 민간의 일상적인 생활 온천뿐만 아니라 온천 신앙의 역사가 오래되기도 했다. 그런 만큼 온천 관련 연구와 쌓아온 자료가 방대하다. 또한 일본온천과학회나 온천기후물리학회 같은 전문가 단체에서 발행한 일반인을 위한 온천 과학 서적도 많다. 그렇게 그들은 온천을 잘 알고 잘 활용하고 있다. 그리고 무엇보다도 일본은 온천지의 수와 용출량이 대단히 많다.

일본온천과학회에서 펴낸『온천학 입문』에 따르면, 2016년 현재 3100개소 이상의 온천 지구가 있고 전국의 온천에서 용출되는 양이 분당 266만 9520리터라고 한다. 또한 연 이용객 수가 1억 3700만 명 이상이며, 1년에 1회 이상 온천을 방문하는 사람이 일본 인구의 85퍼센트에 달한다고 한다.

물론 일본이 우리보다 온천 자원이 풍부한 환경적인 배경이 있기도 하다. 그러나 막상 인구가 밀집된 대도시에서는 가까운 명천을 찾아가기가 쉽지 않다. 그래서 대도시 주변으로 새로운 굴착 온천이 늘어나고 있다. 이런 여러 가지 상황을 고려해보면 일본인의 온천 사랑은 본능적인 것 같다. 이렇게 많은 이용객 덕분일까, 잘 정비된 온천 시스템이 신뢰를 주는 덕분일까, 일본의 온천은 날이 갈수록 더욱더 사랑받고 있다.

일본 정부는 온천 시설의 집중 관리뿐만 아니라 예방의학적 차원에서 그리고 국민보건적 차원에서 온천에 대해 다방면으로 지원하고 있다. 특히 노령 인구의 의료비를 낮추기 위한 의료·보건의 보조 차원에서 온천을 다양하게 활용하고 있다.

에너지 측면에서도 청정에너지로 바이너리 발전* 같은, 원천수에 손상이 전혀 없으면서도 소규모로 전기를 생산해낼 수 있는 에너지 산업에 박차를 가하고 있다. 이처럼 일본의 온천은 연기 나는 굴뚝 달린 공장 하나 없이도 고부가가치를 창출해내는 관광 산업의 핵심이기도 하다.

* 100도 미만 온천 등의 열에너지를 이용하여 끓는점이 낮은 매체를 증발시켜 터빈 발전기를 작동시킨다. 열원 계통과 작동 매체 계통이라는 두 가지 열 사이클이 있어 바이너리(binary)라고 이름 붙였다.

그러나 일본 역시 온천을 연구하고 정비할 때 선진적으로 발달한 독일이나 유럽의 온천 연구를 기초로 삼았다. 우리 역시 앞선 것을 따라서 공부하고 더 발전시켜 나가면 된다.

언젠가 외국의 온천을 다니면서 명인 칭호를 받았다는 어떤 사람에게 "한국 온천에 뭐 볼 게 있다고 그렇게 공을 들이느냐"는 뜻의 질문을 받은 적이 있다. 그러면서 그는 외국 온천에 대한 추앙을 감추지 않았다.

그래서 딱 한마디만 했다. "알고 보면 우리나라에도 너무나 훌륭한 온천들이 많이 있다"고.

실제로 그렇다. 일본의 모든 온천이 그러한 것은 아니지만, 훌륭한 온천이 많은 것은 사실이다. 그래서 특이하고 경험하지 못한 외국의 문물에 대한 호기심은 당연하다. 그러나 남의 나라에 좋은 온천이 아무리 많다고 한들 어쩌다 한두 번 가는 해외여행으로 관광이나 체험 정도는 할 수 있어도 온천의 실제적인 효과를 보기는 매우 어렵다.

진정한 온천의 효능은, 온천이 품고 있는 화학적·물리적 성분을 직접 온천수에 들어가 받아들이고 몸을 건강하게 하는 데 있다. 다시 말해 심신의 치유에 목적이 있다.

가까이에 있는 우리나라의 온천을 알고 사랑하고, 또 무엇보다 온천을 쉽고 편하게 즐기는 것이 그림책으로 보는 온천 이야기보다 훨씬 더 삶에 실용적이지 않은가.

이제는 우리의 온천, 나아가 광천까지를 포함해 좀 더 많은 조사와 연구가 이루어져야 하고 완벽하게 정비되어야 한다. 그에 이르기까지 과학자 몇 사람의 연구와 논문 발표만으로는 힘이 부족하지 않을까? 물론 다방면의 연구와 정책적인 지원도 절대적으로 필요하다. 거기에 모두의 관심과 사랑이 함께할 때 우리 온천은 더욱 아름답고 건강해질 것이다. 동시에 우리도 더욱 건강해질 수 있다.

13 물이라고 다 같은 물이 아니다

이제 온천의 기본 구성 요소인 온천수, 즉 물에 대해 알아보자. 온천의 가장 중요한 재료는 뭐니 뭐니 해도 물이다. 주재료인 물을 모르면 온천을 제대로 안다고 할 수 없다.

온천을 좋아하는 사람이 온천에 가면 '이 온천의 물은 어떤 물일까' 하는 궁금증이 가장 먼저 떠오른다. 이 궁금증은 분명하지는 않지만 온천수에 이런저런 성분이 들어 있다는 것을 어렴풋이 알고 있기 때문에 생긴 것이다. 이제 그 '어렴풋한' 궁금증을 풀어보자. 그러려면 조금 낯설지도 모르지만 약간의 화학적인 지식이 필요하다.

먼저 물이 얼마나 화학적인지 살펴보기로 한다.

물의 특징 중 하나는 산소와 수소 사이에 공유결합이 형성되어 있다는 점이다. 여기에 공유 전자쌍이 산소 쪽으로 더 끌려가 있어 산소는 부분적으로 음전하를 띠고 수소는 부분적으로 양전하를 띠는 극성분자다. 극성분자인 물 분자는 수많은 극성 물질을 녹일 수 있으며, 우리 생명 현상에서 물에 녹는 물질들을 운반하는 아주 중요한 용매로 사용된다.(이주문, 『화학으로 바라본 건강세상』, 상상나무, 2019.)

이것이 물에 대한 화학적 해석이다. 물 분자는 극성極性*을 가지고 있어 양이온의 미네랄도 녹이고 음이온의 미네랄도 녹인다. 우리 몸에 흡수될 때 물은 이런 다양한 미네랄을 녹여 몸속으로 데려간다. 마치 '준비된 화학 열차' 같다고나 할까. 더구나 온천이 지닌 열은 화학반응을 더 의미 있는 수준으로 끌어올릴 수 있다. 이 열에너지 역시 온천만의 중요한 특징이다.

* 두 개의 원자가 서로 전자를 방출하여 생긴 전자쌍을 공유하는 것을 공유결합이라고 한다. 공유결합을 하는 물 분자 중 산소원자는 음전기를 띠고 수소원자는 양전기를 띠게 되어 극성을 가진다.

사람에게 물이 얼마나 중요한지는 두말할 나위도 없다. "인체에 충분한 수분이 공급된 상태일 때 정상적인 혈액은 물이 94퍼센트를 차지한다. 적혈구는 실제로 색깔 있는 헤모글로빈을 지닌 '물주머니'다. 인체의 세포 내부에는 이상적으로 75퍼센트의 물이 있어야 한다"(F. 뱃맨겔리지, 이수령 옮김, 『신비한 물 치료 건강법』, 중앙생활사, 2014)는 것이다.

온천수를 화학적으로 분석하면 보통의 지표수와는 분명히 다른 물임을 알 수 있다. 온천수에 가득 들어 있는 다종다양한 원소가 드러나기 때문이다. 온천수는 여러 가지 화학 성분을 함유하고 있으며, 입욕을 통해 피부로 흡수된 그 화학 성분이 우리 몸을 이롭게 한다.

온천을 공부하기 전에는 물에 대해서 궁금한 적이 거의 없었다. 때맞춰 정수기 필터를 갈아주고, 간혹 뉴스에 나오는 수질 오염이나 잠깐 걱정해보았을까. '물이 물이지. 뭐, 다를 게 있나?' 그렇게 생각했었다.

그런데 날로 발전하는 과학으로 물도 구별해내고 있다. 동위원소를 이용하여 물의 기원도 알 수 있다. 이런 기원을 따라서 서울의 물과 제주도의 물을 구별할 수 있고, 마그마에서 기원한 물인지 바다에서 온 물인지도 알 수 있다. 알고 보니 물이라고 다 같은 물이 아니었다!

내친김에 간단하게나마 원소를 알고 가자. 그래야 앞으로도 온천이 왜 화학반응을 한다고 하는지, 어떻게 하는지 이해할 것 같다.

화학의 기초 지식은 『친절한 화학교과서』(유수진 지음, 부키, 2013)를 주로 참고했다. 딱딱한 화학을 방송작가가 쓴 책인데 재미있었다.

먼저 우리가 흔히 혼용하는 원소元素, element와 원자原子, atom를 구분해보자.

'물질을 구성하는 기본 요소로, 더 이상 다른 물질로 분해되지 않는 물질'이라는 추상적 개념을 원소*라고 하며, '화학반응으로 더 이상 쪼갤 수 없는 가장 작은 실체가 있는 입자'를 원자라고 한다. 개념적으로 쓸 때는 원소, 실제 입자를 표

* 물질은 '한 종류의 원자로 이루어진 원소'와 '두 종류 이상의 원자로 이루어진 화합물'로 구분된다. 물($2H_2O$)을 전기 분해하면 수소($2H_2$)와 산소(O_2)로 나뉘므로 화합물이고, 구리(Cu)·은(Ag)·금(Au) 같은 광물과 대기 중의 질소(N_2)·산소(O_2)·아르곤(Ar)은 원소다.

현할 때는 원자다.

- 원자는 물질을 구성하는 기본 입자다.
- 원자는 중심에 양(+)전기를 띠는 '핵'과 음(-)전기를 띠는 '전자'로 구성되어 있다.
- 원자의 전자 배치는 원자마다 다르다. 그런데 원자는 가장 바깥 껍질이 완전히 채워지거나 전자 8개를 가질 때 가장 안정적이다. 이것이 옥텟 규칙octet rule이다. 이 규칙은 원자들이 전자를 잃거나 얻으면서 결합하는 이유를 설명하는 데 유용하다.

이러한 원자들끼리 전자를 주고받는 것이 바로 화학결합이다. 화학결합은 원자 또는 이온이 결합하여 분자가 되거나 원자끼리 결합하는 것을 말한다. 화학결합의 종류는 엄청 많다. 공유결합, 이온결합, 금속결합, 분자 간의 반데르발스 결합, 수소 결합 등등.

이런 것은 다 몰라도 된다. 원자가 복잡한 화학반응을 한다는 것만 알면 된다. 그래서 온천수 속에서도 여러 가지 화학반응이 일어난다는 것만 알고 있으면 된다.

온천수에는 화학결합을 하고 싶어 하는 이온들과 원자·분자들이 풍부하게 들어 있다. 이 점이 보통 물과 온천수가 가장 다른 점이며, 화학적인 물이라는 근거다.

짭짤한 갯벌 온천
석모도 미네랄온천

고즈넉한 강화도입니다. 새로 놓인 석모대교를 건너 석모도에 들어섭니다. 왕복 이차선의 다리를 대교라고 하니 어울리지 않는 것 같지만, 섬사람들에겐 생명선과 같은 길이니 대교로 인정합니다.

강화 석모도 미네랄온천 주차장에 도착하니 커다란 바위산이 보이네요. 이렇게 돌투성이 산자락 모퉁이로 물이 돌아 흐른다고 하여 섬 이름이 석모도라고 해요.

이곳은 노천탕에서 바라보는 석양이 아름다워서 많은 사람들에게 사랑받는 온천이지요.

이번에 찾은 강화 석모도 미네랄온천은 미네랄이 풍부하게 녹아 있는 나트륨염화물천입니다. 삼면이 바다인 우리나라에는 염화물천이 꽤 있습니다. 석모도까지 온 것은 염화물천 중에서도 갯벌과 가까운 온천이 바로 여기 있기 때문입니다.

석모도 미네랄온천에서는 샴푸, 린스, 비누 등을 절대로 사용할 수 없어요. 나트륨이온과 염소이온이 많이 나오는 온천에서는 비누를 쓰지 않아도 미끌미끌하고 세정 효과가 뛰어나거든요. 그리고 갯벌에 사는 게나 조개들을 위해서도 너무 당연한 일이고요.

자, 그럼 먼저 성분 분석표를 봅시다. 그런데 이곳에는 '시험 성적

KIGAM 한국지질자원연구원
대전광역시 유성구 과학로 124번지
Tel : 042-868-3392, Fax : 042-868-3393

성적서번호 : 120180098A

페이지(2)/(총 2)

7. 시험결과

(단위 : mg/L)

성 분 \ 시료번호	120180098-001
K	77.8
Na	5 260
Ca	3 770
Mg	278
SiO_2	41.1
Li	1.23
Sr	100
Fe	<0.03
Mn	1.02
Cu	<0.03
Pb	<0.03
Zn	1.94
F^-	<1.00
Cl	12 100
SO_4^{2-}	900
TS	24 200
비 고	인천광역시 강화군 삼산면 매음리 776

성분 분석표

서'가 붙어 있네요. 시험 성적서라니, 뭔가 시험을 친 것 같은 부담스러운 느낌. 성분 분석표라는 이름이 좀 더 적당하지 않나 하는 생각이 듭니다.

나트륨Na이 5260밀리그램, 염소Cl가 1만 2100밀리그램이나 들어 있네요. 보통 바닷가 온천에는 섞여 들어온 바닷물 성분이 많이 들어 있어요. 이곳도 마찬가지네요. 나트륨이온과 염소이온이 함께 많이 들어 있으니, 자연히 두 성분이 결합한 소금NaCl, 염화나트륨이 온천수에 많이 녹아 있겠죠. "아이, 짜" 소리가 절로 나올 만큼 정말 짭니다.

TS는 2만 4200밀리그램으로 많은 양의 미네랄이 녹아 있군요. 일본 보양온천 기준의 스무 배가 훨씬 넘네요. 그중에서 칼슘Ca이 3770밀리그램으로 많아요. 그런데 눈여겨볼 성분은 마그네슘Mg 278밀리그램입니다. 마그네슘은 우리 몸의 뼈와 세포액에 있는 미네랄로 탄수화물 대사에 관여하며 단백질과 핵산의 합성, 근육의 수축, 뇌와 갑상선 기능 유지, 혈압과 혈당치 조절 등에 필요해요. 마그네슘이 다량으로 들어 있는 온천수는 흔하지 않죠. 바닷가에 있는 온천이라 해서 모두 마그네슘 성분이 풍부하지 않거든요. 역시 갯벌의 힘이 대단하네요. 먼 길을 온 보람이 있어요.

슬슬 탕으로 들어가볼까요?

드르륵 미닫이문을 열고 들어서니, 소박한 온천이네요. 실내 탕이 아담해요. 온천이 뭐 클 필요가 있나요? 작은 탕이어도 신선도가 중요하죠. 기역 자로 각이 진 원탕源湯 하나, 동그란 우물같이 생긴 작은 냉탕이 하나, 샤워기 열댓 개가 전부입니다. 이런 검소하고 소박한 느낌이 왠지 편안하군요.

음, 따스한 온기, 슬그머니 간지러운 바다 냄새가 올라와요. 물 색을 보니 마음이 설레네요. 굉장히 맑고 푸른빛이 돌아요. 이렇게 푸른빛을 띤 녹색은 마그네슘 성분 때문입니다.

맑고 푸른빛이 도는 원탕

우물 모양의 냉탕

본래 바닷말류해조류에 많은 미네랄인데 갯벌에 퇴적된 양이 어마어마할 테니 그 특성을 유감없이 드러내고 있네요.

물맛을 보면 짜고요, 또 씁쓸합니다. 탕으로 들어갑니다. 뜨끈뜨끈합니다.

와아, 나트륨이 감싸는 열감이 충실해요. 아침 찬바람에 얼었던 몸이 단숨에 사르르, 녹습니다.

물이 미끌미끌해요. 촉감이 말도 못하게 좋고요. 무엇보다 이 뜨끈함, 그리고 황산염이 파고드는 뼛속까지 전해오는 시원함.

물속에서 한껏 몸을 펴봅니다. 부력이 좋아서 몸이 부웅 떠올라요. 몸이 빠르게 더워져요. 몸속 깊은 곳에서부터 훈훈해집니다.

탕에 나가서 차가운 물을 한 바가지 끼얹어야겠어요. 이 동그란 우물같이 생긴 탕이 온천수를 식힌 냉탕인데 그다지 차갑지는 않아요. 그래도 원래 성분이 씻겨 나가지 않아서 좋아요. 좋은 미네랄 성분이 몸에 남아 있어야 지속적인 흡수가 이뤄지거든요.

이제 시원한 서해 갯벌이 펼쳐진 노천탕으로 나가볼까요? 수영복을 챙기세요. 노천탕은 혼탕이니까요.

노천탕이 굉장히 넓고 시원합니다. 뜨거워진 몸에 시원한 해풍을 맞으면 진짜 시원해요. '후아, 후하!' 바다에서 온 바람이라 맛있어요. 경치도 기가 막히네요. 아무것도 살 것 같지 않은 저 검은 갯벌에 얼마나 많은 생명이 살고 있을까 생각하며 노천탕에 몸을 담그고 있으니 참 좋군요. 마치 모든 걱정이 사라지는 기분입니다.

다시 뜨거운 탕에 몸을 담그려고 실내 욕장으로 들어가니, 사람들이 제법 많아졌네요. 아쉽지만 이만 나가야겠어요. 다음에는 멋진 붉은 서해의 낙조를 보고 싶어요. 또 와야겠네요.

14 어떤 물이 온천수가 되나

화산성 온천이든 비화산성 온천이든 대부분의 온천물은 순환수循環水다. 순환, 말 그대로 지구를 도는 물이다. 지표에서 증발되어 구름이 되었다가 눈이나 비가 되어 다시 내리는 물이다. 지표에 고이거나 흐르면서 강이나 호수가 되기도 하고, 땅속으로 스며들기도 한다. 긴 세월에 걸쳐 단층斷層이나 파쇄대破碎帶 등의 균열을 따라 지하 심부까지 스며들면 지하수가 된다. 이렇게 땅속의 지하수가 다시 땅 위로 솟아오르거나 굴착 등으로 뽑아올릴 때 물의 온도가 25도 이상이면 온천이 되는 것이다.

그러니 물과 지구를 오염시키면 안 된다. 인류가 핵실험을 한 인공적인 핵방사능 성분이 대기를 순환하여 지하수에서 검출되었다는 기사를 본 적이 있다. 물론 그 농도가 인체에 무해한 정도라지만 정말로 충격이었다. 사람과 지구는 따로 떨어져 존재할 수 없다. 우리 생명과 직결된 이 하나뿐인 지구를 정말 소중히 해야 한다.

온천이 되는 물에는 과거의 물도 있다. 화석수化石水이다. 과거의 지각변동으로 지표 부근에서 암석과 같이 매몰된 물을 말한다. 『온천학 입문』에 따르면, 바다에서 떨어진 내륙의 온천에서 마치 바닷물처럼 염분을 많이 함유한 온천수가 나오기도 하는데, 이런 온천수는 대부분 지하 깊은 지층에 묻혀 있던 태고太古의 해수, 즉 화석해수化石海水라고 한다.

우리나라에서도 활발한 지각변동이 있었던 만큼 화석해수가 솟아나오는 특별한 온천이 있다. 바로 경기도 화성시에 있는 '발안 식염온천'이다. 바다와는 제법 떨어진 곳에 있는 발안 식염온천의 물은 염도가 높고 굉장히 촉촉하고 부드럽다.

한편, 해안에 인접한 온천에는 현재의 해수가 섞여 들어간 나트륨염화물천이 많고, 대부분 물이 짭짤하다. 해운대온천과 강화도 갯벌에 위치한 석모도 미네랄온천이 여기에 속한다.

이외에도 아주 희귀하게 마그마가 차갑게 식는 과정에서 증발된 순수한 수증기가 냉각되어 고여서 온천이 형성되기도 한다. 이처럼 마그마에 의해 땅속 깊은 곳에서 만들어져 처음 땅위로 솟아나온 물이라는 뜻에서 초생수初生水라고 한다. 지구상에서 처음 땅 위로 솟아오른 물로 이루어진 온천은 과연 어떨까? 어떤 촉감일지 정말 궁금하다.

순환수, 화석수, 초생수 등 땅속의 모든 물은 단층 또는 암석이 부서진 길쭉한 띠 모양의 파쇄대 같은 균열을 따라 흐른다. 이러한 균열은 어떤 장소에서는 지하수가 깊이 스며드는 통로가 되고, 또 어떤 장소에서는 온천수가 지상으로 올라오는 통로가 되기도 한다.

지질시대의 화석해수
발안 식염온천

오늘은 경기도 화성시에 있는 발안 식염온천에 왔어요. 대부분의 온천수가 순환수인 것에 비해, 발안 식염온천의 물은 오래된 지질시대의 '화석해수'라서 반갑고 신기해 여기까지 왔지요. 과연 지질시대의 물은 어떨까요? 궁금하시죠?

욕장이 넓고 깨끗하고 환해요. 탕에 들어서니 과연 살짝 갯가 냄새 같은 씁쓸한 냄새가 나네요. 바다 냄새 같기도 하고, 짠 내 같기도 한데, 화석해수의 특징인 다량의 염소에 브롬Br의 냄새도 살짝 섞여 있네요.

이곳 온천에는 온탕, 열탕, 작은 식염온천탕, 길게 생긴 바가지탕과 냉탕 그리고 노천탕이 있어요. 먼저 바가지탕의 물로 깨끗이 씻고, 가장 궁금한 원탕으로 가봐요.

첫눈에도 인상적으로 물이 굉장히 맑아요. 자연광이나 어떤 특별한 광원도 없는데, 물색이 대단히 맑고 선명합니다.

살며시 몸을 담가보니, 물이 말랑말랑해요. 물의 느낌이 오묘하네요. 아직은 물의 온도가 낮은데도 물이 무겁게 느껴져요. 그리고 찰지다 싶을 정도로 점성이 좋아요. 그야말로 '쫀득쫀득'하다고 할까요.

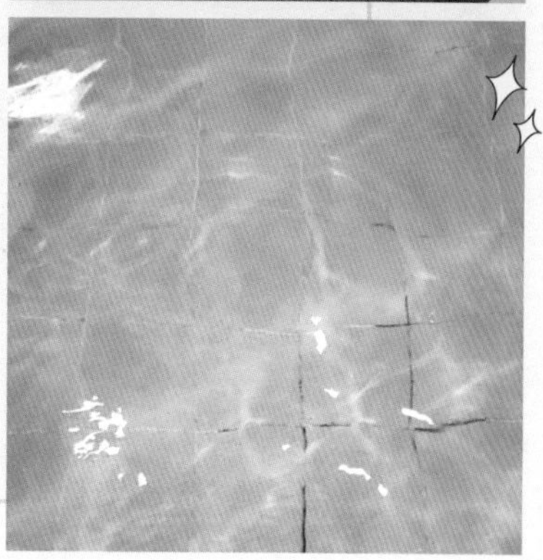

바닷물처럼 자극적이지 않고 순한 느낌인데, 그렇다고 연하지도 않아요. 젤리 워터처

시 험 성 적 서
(1/1)

접수번호	제 시험 172 호	접수일자	2007년 4월 12일
주 소	서울시 강남구 포이동 238-8 영신빌딩 302호		
성명 또는 상호	하나엔지니어링	성적서의 용도	
시험기간	2007.04.13 ~ 2007.04.19	시험환경	온 도 : (20 ~ 25) ℃ 상대습도 : (40 ~ 60) % R.H.
시험대상품목/물질/시료명	수질		☑ 감정건 ☐ 감정

시 험 결 과 (단위 : mg/

성분 / 시료번호	K	Na	Ca	Mg	SiO_2	Cl	SO_4	F
469	13.7	2,160	1,430	120	12.1	6.370	395	0.7

성분 / 시료번호	Li	Sr	Fe	Mn	Cu	Pb	Zn	T-Solids
469	6.6	81.0	0.16	0.60	0.04	0.26	0.63	10,560

성분 분석표

럼 조밀하게 꽉 찬 느낌이에요.

보통의 온천물처럼 부들부들한 것도 아니고 미끌미끌하지도 않아요. 그런데도 도톰하고 몸에 착착 감겨요.

물의 촉감이 미묘하군요. 이것이 지질시대 물의 느낌일까요? 어딘가 현생의 물과는 다른 느낌적인 느낌입니다.

성분 분석표를 한번 볼까요? 성분이 굉장히 진한 편입니다. 먼저 TS가 1만 560밀리그램으로, 일본 보양온천 기준의 무려 10배가 넘네요. 일단 염소가 6370밀리그램이고, 나트륨이 2160밀리그램이에요. 분명히 나트륨염화물천입니다. 보온성이 좋겠죠.

마그네슘도 120밀리그램이에요. 바닷가도 아닌데 바닷물 같아요. 당연히 물맛은 짜고 쓰고 빳빳한 느낌이 있어요. 그런데 전체적으로는 맛이 연합니다. 온천물은 완벽한 해수의 조합이에요.

황산염도 395밀리그램 들어 있네요. 이 성분은 연골이나 관절 같은 결합 조직의 성분이기도 한데, 온천물의 촉감을 깔깔하게도 해주죠. 뜨거워지면 시원하게 돌변하는 성분이기도 해요. 칼슘이 1430밀리그램 들어 있어 칼슘 성분이 공기와 접촉하면서 산화되어 하얀색 또는 갈색 고체로 뭉친 석회화石灰華

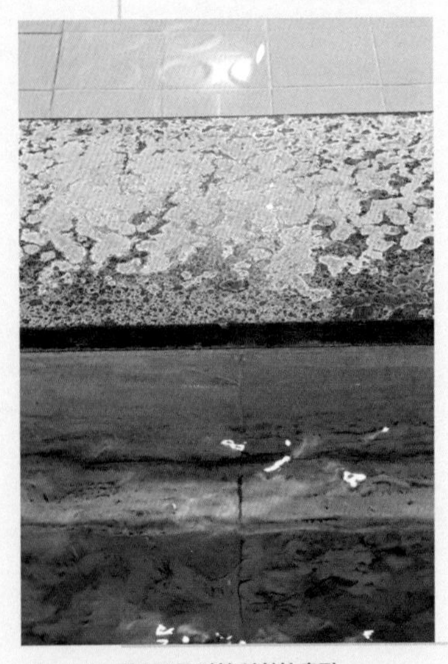

칼슘으로 인한 석회화 흔적

도 제법 보여요. 그 밖에 리튬, 스트론튬, 망간, 아연까지 여러 종류의 미네랄이 상당히 많이 들어 있어요.

식염온천탕은 얕고 작아요. 수량이 많지 않은데도 부력이 대단해요. 온천물에 들어 있는 성분을 보니, 열기로 더 강렬한 촉감을 느낄 수 있을 것 같네요. 아니나 다를까 탕의 온도가 좀 더 올라가자 온천이 완전히 얼굴을 싹 바꾸네요.

물의 온도를 거의 느끼지 못하는 온도에서는 나른하고 묵직해서 마치 등에 무겁게 업힌 것 같던 온천물이 열기를 타자 기세 좋게 날이 서고 빠르고 강하게 침투해 들어와요. 전혀 다른 물처럼 시원해요.

귀여운 아기 개구리를 등에 업은 엄마 개구리가 쏟아내는 물줄기에 등을 대고 돌려 앉으니 등으로 푸른 별이 쏟아지는 듯 뜨겁고 짜릿합니다. 장쾌한 쾌감이 있어요. 뻐근했던 뒷목이 확 풀립니다.

몸이 빠르게 데워지네요. 나트륨과 스트론튬Sr이 밀어붙이는 깊은 열감, 온몸을 뚫고 나오는 듯한 황산염까지 온천의 특성이 살아나네요. 너무너무 시원하고 좋아요. 빠르게 몸이 후끈해졌어요.

더운 몸을 식히러 노천으로 나가볼까요? 노천에는 온천은 아니지만 커다란 냉탕이 있어요.

정자도 있고 아기자기한 정원도 있군요. 몸이 더워서 냉탕을 한 바퀴 싸악 돌았어요. 몸이 시원합니다. 정자 나무마루에 누우니 풀벌레 소리가 들려요. 이른 아침이라 그런가 봅니다. 조용하고 편안해서 좋

정자가 있는 노천탕

군요. 몸이 천천히 식어가는 것도 기분 좋네요.

다시 한번 안으로 들어가 식염탕에 몸을 담급니다. 맑게 일렁이지만 여전히 만만한 물이 아니에요. 과거 지질시대는 아무래도 전 지구적으로 격동의 시기라서 액성液性이 진하고 강하지 않았을까 생각했는데요, 이런 느낌이었나 봅니다.

탕 안에서 시원하게 기지개를 켜봅니다. 아유, 뼛속 깊이깊이 시원하고 어느새 얼굴이 촉촉해졌네요. 보습력이 얼마나 좋은지, 미네랄과 수분이 완전히 흡수되어 피부 깊숙이 꽉 채워지고 나트륨으로 코팅한 느낌이에요.

맑게 일렁이는 식염탕

여러분도 꼭 목욕 전후의 피부 촉감을 테스트해 보세요. 물론 화장비누로 씻어내고 마른 수건으로 닦아내면 못 느낍니다. 저는 식염탕으로 마무리하고 그 물로 수건을 헹군 뒤 꽉 짜서 몸의 물기를 닦고 자연 건조시킵니다. 이렇게 피부에 온천의 성분을 남겨 놓으면 그 효과가 확실하게 오래간답니다.

식염탕에 담근 지 얼마 지나지 않아 다시 몸이 훈훈합니다. 그럼 다시 시원한 노천으로 나가면 되죠. 나무마루에 수건 한 장 덮고 길게 누우니, 풀벌레 소리, 새벽 공기, 산들바람에 눈이 저절로 스르르 감깁니다.

온천물의 강한 성분 탓인지, 지난밤 밤새 잠을 잘 못 잔 탓인지 나도 모르게 아주 잠깐 잠이 들었나 했는데, 눈을 뜨니 뒷목이랑 어깨가 완전 가벼워요. 뻑뻑하던 눈도 맑아지고 피곤이 싹 날아갔어요.

아, 정말 활성산소가 완전히 제거된 느낌입니다.

내륙에서 바닷물 같은 좋은 물을 만나는 것도, 이 아침에 과거 지질시대의 화석해수를 만나는 것도, 온몸을 짓누르던 피로가 한번에 확 풀린 것도, 고마운 온천님 덕분이에요. 역시 물이 좋았나 봅니다. 공룡들이 살았던 그 시대에는 말입니다.

어느새 가을의 한복판이네요. 코스모스가 한들한들 피어 있는 향기로운 가을길을 걸어 나오며 다음을 기약합니다.

15 온천의 화학적 개성

온천은 천탕천색千湯千色이다. 온천의 화학적 성질이 같다고 해도 함께 용출되는 온천수의 성분에 따라 느낌은 완전히 다르다. 심지어 같은 온천 지구라도 솟아오르는 온천공이 다르면 성분도 다르다. 크게 차이가 없기도 하지만, 완전히 다르기도 하다. 수안보온천 지구나 해운대온천 지구처럼 양탕장* 물을 이용하는 곳도 있지만, 직접 몸을 담그면 이마저도 미세한 차이를 느낄 수 있다.

* 瀁湯場: 공동으로 온천수를 끌어올려 모은 뒤 각각의 온천으로 공급하는 곳.

땅속 깊은 곳에 있을 때부터 만나는 모든 것이 온천의 화학적 성분에 영향을 미친다. 농도를 진하게도 연하게도 하고, 색을 투명하게도 탁하게도 한다.

이 장에서는 드디어 본격적으로 온천이 화학적 개성을 띠게 되는 부분을 이야기하려고 한다. 『한국의 온천』에 온천수의 화학적 성분의 차이를 가장 쉽고 과학적으로 해석한 글이 있어 원문을 옮겨 보기로 한다.

해운대 온천, 부곡 온천, 백암 온천 등 모든 온천수의 화학적 성분은 제각기 다르다. 왜냐하면 물-암석의 상호 반응 water-rock interaction에 의해 지하수가 땅속의 암석과 상호 반응하여 암석에 들어 있는 성분이 녹거나, 주위의 암석이나 지층에서 여러 성분이 유입되어 온천수의 성분이 되기 때문이다.

물과 암석의 상호 반응이란 한마디로 뜨거운 지하수가 암석의 화학적 성분을 우려낸다는 뜻이다. 이러한 물과 암석의 상호 반응은 수온이 높을수록, 그리고 지하수가 지하에서 머무는 시간이 길수록 더욱 활발하다. 이에 따라 온천수의 화학적 성분이 달라진다. 이는 너무도 당연한 이치다. 이제 막 끓기 시작한 곰국과 며칠 동안 고아낸 곰국은 진하기가 다르지 않는가.

온천수가 지하에서 만나는 것은 암석뿐만이 아니다. 온천은 근원지에 있는 암반·토양·열뿐만 아니라 마그마의 가스 성분 등, 지하 조건에 따라 성분이 달라진다. 또 솟아오르다가 만나는 암석들, 섞이게 되는 지하수나 해수에도 영향을 받고, 화학반응을 일으키는 가스에 따라 성분이 달라진다(飯島裕一, 『温泉の秘密』, 海鳴社, 2017. 참조).

이와 같이 온천수는 접촉하는 모든 것에 영향을 받고 저장된 시간과 압력에도 영향을 받는다. 그러니 온천이 모두 제각각이라 해도 과언이 아니다.

여러 가지 성분이 녹아들어 형성된 온천수는 화학 성분의 차

* 물과 암석 사이에서 산소 원소의 동위원소 교환이 일어나는데, 이때 암석 속에 있는 무거운 산소 동위원소 때문에 물의 동위원소비가 무거운 동위원소 값 쪽으로 변화하는 현상.

이뿐만 아니라 산소편이酸素偏移*도 동반한다. 산소편이를 알면 암석의 산소가 물에 얼마나 녹았는지를 측정해서 물의 기원이나 변질, 부근의 지질 현상까지 해석할 수 있다고 한다.

어떻게 보이지도 않는 땅속에서 일어난 일을 설명할 수 있을까? 우리는 미처 관심을 두지 않았어도 많은 과학자가 이런 자연과학을 연구하고 있다는 것이 감사하고 놀라울 따름이다. 동시에 이렇게 색다르고 재미있는 이야기를 왜 여태 모르고 살았나, 나 역시 온천이 아니었으면 이런 이야기에 관심이나 있었을까 싶은 생각이 든다. 온천은 참 여러모로 고마운 것 같다.

끝으로 간단하게 온천수가 접촉하는 암석에 따라 녹아드는 화학 성분을 살펴보자. 온천수가 화강암을 만나면 화강암에 많은 나트륨Na·칼륨K·칼슘Ca 등이, 해양성 퇴적암과 만나 반응하면 퇴적암층에 존재하는 황산염SO_4^{2-}·나트륨·염소Cl 등의 성분이 온천수에 포함된다. 물론 이러한 성분은 어느 정도의 경향을 나타내는 것일 뿐 절대적인 것은 아니다.

지질의 역사에서 보았듯이, 한반도에는 퇴적암이 발달하던 고생대가 있었고 화강암의 관입이 활발했던 중생대도 있었으므로 퇴적암과 화강암의 암체들이 뒤섞여 있다. 그래서 우리나라 모든 온천에는 모든 성분이 조금씩이라도 들어 있다고 할 수 있다.

16 인간은 존엄한 존재인데, 하느님맙소사!

온천의 화학적 성분을 이야기하는 단계에 원소기호가 등장한다. 온천의 화학적 성분을 원소기호로 표시하기 때문이다. 그래서 온천을 알려면 원소기호는 필수다.

원소기호라니, 이 나이에 웬일? 이런 생각이 들지도 모르겠다. 학생시절, 유난히 외우기 힘들었던 원소기호들이 생각난다.

현재 지구에 존재하는 원소는 118개로 자연계에 존재하며, 그 특성이 명확한 것은 92개다(원자번호 1번 수소부터 원자번호 92번 우라늄까지). 나머지는 실험실에서 인공적으로 합성한 것이다. 사람이 원소를 만들어낼 수도 있다니, 신의 영역에 도전하는 과학자들은 참 대단하기도 하다. 한편은 솔직히 그래도 괜찮을까 싶은 마음도 있다.

그렇다면 118개나 되는 그 많은 원소기호를 다 알아야 한다는 말인가? 그렇지 않다. 다행스럽게도 전혀 그럴 필요가 없다. "온천이 지구의 작품이듯 사람도 지구에서 태어났기 때문이다"라고 말하면, 너무 뜬구름 잡는 이야기 같은가? 절대로 아니다! 이것은 과학이다. 그것도 최첨단 현대 과학이다!

지각을 구성하는 물질이나 우리가 일상생활에서 사용하는 물질들은 그 형태가 다를 뿐 성분 원소들은 모두 같다고 한다. 그중에서도 특히 우리 몸을 구성하는 원소들은 신기하게도 지각 구성의 원소와 같다는 것이다. 우리가 숨을 쉴 때도 마찬가지다. 호흡에 꼭 필요한 산소와 암석을 구성하는 산소는 다르지 않다.(홍준의·최후남·고현덕·김태일, 『살아있는 과학교과서 1』, 휴머니스트, 2019.)

우리가 먹는 깻잎 속의 철과 그것을 집는 쇠젓가락의 철은 같은 원소다. 다만 음식물에 함유된 철은 다른 원소들과의 결합이 우리가 먹을 수 있는 형태로 된 것일 뿐이다. 그에 비해 단단한 금속의 철은 순수한 철 원자로만 구성되어 있어 그것을 먹을 수 없다는 데 차이가 있다. 재료는 같은데 '결합 방식'에 차이가 있을 뿐이다.

'이게 무슨 말이지? 이거 진짜 실화냐?' 싶었다. 분명, 내가 알고 있는 과학 지식으로는 생물과 무생물은 차원이 다른 것이었다. 그런데 생물의 특성은 원소의 구성 방식의 차이일 뿐, 생물체만의 어떤 독특한 물질 때문이 아니라는 것이다.

이 부분을 읽고 나는 적잖이 충격을 받았다. 솔직히 전혀 생각지 않던 순간에 뒤통수를 얻어맞은 기분이었다. 내가 나무나 돌멩이와 같은 원소로 만들어졌다니……. 돌멩이와 내가 그저 '결합 방식'의 차이일 뿐이라니…….

'인간은 존엄한 존재인데, 하느님 맙소사! 나는 엄연히 고귀한 생명체이고 고도의 지능으로 깊이 생각도 하고 말도 하는데, 입도 없고 생각도 못 하는 것들과 같은 재료라니…….'

이런 심정이었다고나 할까? "야, 이 돌대가리야!"라는 말은 욕도 아니구나 생각하니 갑자기 깔깔 웃음이 터졌다.

화학 속에서 어떻게든 생명체의 위엄을 되찾고 싶은 기분이 되었다. 그래서 유기물을 생각해냈다. 아니나 다를까, 나처럼 허탈해하는 독자들을 생각해서일까, 친절한 선생님들이 책에 써놓았다.

> 근대 과학에서 유기물은 탄소 중심의 생물을 구성하는 물질이라는 의미가 있었다. 그러나 현대의 과학에서는 유기물과 무기물을 엄격하게 구분하지 않는다.(홍준의 · 최후남 · 고현덕 · 김태일, 『살아있는 과학교과서 1』, 휴머니스트, 2019.)

아, 내가 아는 과학은 근대 과학이었구나! 나는 내가 이 지구상 어디에도 뒤처지지 않는 IT 강국의 세련된 현대인이라고, 한치도 한순간도 의심하지 않고 살아왔는데…….

"사람은 죽어서 흙으로 돌아간다"고 하더니, 다 알고 한 말이었다. 역시 옛사람의 말은 틀린 것이 없구나 싶었다.

17 사람은 흙으로 빚었다

앞에서 보았듯이 사람이라고 별난 것이 아니다. 결론부터 말하면, 지구가 만든 작품 중에서도 암석과 사람과 온천은 모두 비슷한 구성 원소를 지녔다. 그러니 우리는 지구상에 존재하는 백여 가지 원소를 다 알 필요는 없다. 온천이 알고 싶었는데 갑자기 '화학의 강'이 나타나 가로막는 기분이 들었다면, 이것이야말로 듣던 중 반가운 소리 아닌가.

그럼 본격적으로 지각 구성 원소부터 살펴보자.

지구의 가장 겉껍질인 지각은 여러 가지 암석으로 구성되어 있다. 암석은 크고 작은 광물 알갱이들로 뭉쳐져 있고, 알갱이들은 원소로 이루어져 있다. 지각을 이루는 원소 중 가장 많은 것이 산소와 규소로 지각 전체의 75퍼센트 정도를 차지한다. 그밖에 알루미늄, 철, 칼슘, 나트륨, 칼륨, 마그네슘 등이 포함되어 있다. 흔히 이것을 지각 구성의 8대 원소라고 한다. 이 8대 원소가 지각 구성의 98퍼센트를 차지한다.

물론 이 여덟 가지 원소가 아주 복잡한 형태로 결합하여 다양한 물질을 만들어내고 있기는 하다. 그러나 이 커다란 지구를 덮고 있는 지각의 대부분이 달랑 여덟 가지 원소라니, 겨우 여덟 가지 원소가 대륙을 이루다니! 이것도 정말 뜻밖이다.

뒤집어 생각해서 지구에서 이 여덟 개의 원소가 사라져 버린다면 지구는 2퍼센트만 남을까? 정말 상상도 안 되는 일이구나 싶다. 왜 공상 과학이 영화의 한 분야가 되었는지 충분히 알 것 같다. 이렇게 생각지도 못한 재미가 있으니까 말이다.

온천에 대해서 공부해보면, 어느 온천에서나 이 지각 구성 8대 원소가 나온다. 그래서 온천은 지각을, 암석을 우려낸 뜨거운 물이라고도 할 수 있다.

다음은 인체를 구성하는 주요 원소를 보자.

사람 몸에 가장 많은 원소는 바로 산소로, 무려 65퍼센트에 이른다. "우와, 내 몸에 산소 원소가 그렇게 많아? 알고 보니 내가 바로 산소 같은 여자였네" 하며 한참 웃었다. 이것도 참 신기한 사실이다 싶다.

그 외에 탄소, 수소, 질소, 칼슘, 인 등이 있다. 이 여섯 가지 원소가 우리 몸의 98.5퍼센트를 차지하고 있다. 여기에 칼륨·황·염소·나트륨·마그네슘·알루미늄까지 더한 열두 가지 원소가 우리 몸의 99퍼센트를 차지하고 있다. 이 원소들 역시 온천에 들어 있는 주요 원소들이다. 그래서 사람은 본능적으로 온천을 좋아하는지도 모르겠다.

나는 항상 사람이 대단한 존재라고 생각해왔는데, '사람 참 별것 아니구나' 하는 생각이 절로 들었다. 겨우 몇 가지 원소로 만들어진 몸이라니, 그것도 흙과 별로 다르지 않은 성분들로. 그런 몸으로 천년만년이나 살 것처럼 아등바등하고 있으니 어찌 몸이 피곤하고 힘들지 않겠나 싶어서 욕심만 내던 마음이 몸에게 미안한 생각이 들었다.

우리는 사람이니까 인체의 구성 원소를 좀 더 자세하게 알아보자. 인체의 구성 원소에 대해 아주 간결하고 명확하게 쓴 최신 정보라고 생각해도 될 것이다. 과학과 관련한 가장 최근의 연구들은 과거의 오류를 밝혀낸 것이 많아서 과학 책도 온천처럼 신선한 것을 찾게 된다. 물론 옛것이 오늘의 발판이 되지만.

일본에서 최근에 출판된 『온천을 제대로 즐기는 교과서』에는 다음과 같이 서술되어 있다.

> 사람의 몸을 구성하는 주요 원소는 탄소, 수소, 산소, 질소, 인, 황, 염소들로 이것들은 단백질, 핵산, 당, 지질 등의 생체 유기화합물의 소재이다. 여기에 칼륨, 나트륨, 칼슘, 마그네슘, 알루미늄을 추가한 12종의 원소가 인체의 99퍼센트 이상을 차지하고 있다.
>
> 또한 미량의 원소로서 철, 망간, 구리, 아연, 코발트, 몰리브덴, 니켈, 요오드, 규소, 크롬, 셀레늄, 불소 등이 있다. 이것들은 단백질이나 효소 작용 중에 전자 이동과 물자 수송,

생물 신호의 전달, 화학반응 등의 넓은 영역에 관여하고 있다. 이상의 원소들을 사람이 건강을 유지하는 데 필수 불가결한 원소라고 한다.
요즘의 식생활에서는 식재료의 미백이나 정제 등의 과정에서 여러 가지 미네랄을 잃은 가공식품이 많아 미네랄 부족의 위험에 노출되어 있다.
특히 일상생활에 부족하기 마련인 미네랄로는 칼륨, 마그네슘, 철, 아연, 납 등을 들 수 있는데, 이것들은 신선한 과일이나 채소 그리고 신선한 온천수 등에 풍부하게 포함되어 있다.*

* (矢野一行, 『温泉を真に楽しむ教科書』, 東京図書出版, 2019.) 이 책을 쓴 야노 가즈유키(矢野一行)는 일본 사이타마 의과대학 명예교수로, 미국 일리노이 대학에서 박사학위를 받은 방사선의학과 암에 관련된 분야에서 저명한 연구자다.

이 글에서 저자는 인체의 구성 원소를 작동 범위에 따라 쉽게 정리한 후 부족한 미네랄을 신선한 온천수에서 공급받을 수 있다고 분명하게 밝히고 있다. 이 점은 온천학에서 매우 중요하다.

우리나라에서는 몸에 필요한 미네랄을 흡수하러 온천에 간다는 생각이 많은 공감을 얻기에는 아직 시기상조인 것 같다. '그럼, 영양제를 먹어야지'라는 생각부터 한다. 물론 그것도 좋다. 그러나 다종다양한 원소가 싱싱한 이온이나 분자 상태로 가득차 있는 온천만 할까?

다시 말해, 피부로 흡수되어 즉시 인체의 화학반응에 합류하는, 칼슘이나 나트륨 같은 다양한 원소의 이온들이 온몸을 감싼

만큼 풍부하게 가득차 있는 온천만 할까라는 뜻이다.

온천은 지구가 품어서 뿜어내는 신선한 이온의 바다와 같다. 태초부터 물은 생명을 잉태했고, 그 따스한 생명력을 담고 있는 것이 온천이다.

같은 온천인데 누구는 신선한 미네랄을 흡수하러 간다고 생각하는 반면 누구는 때나 벗기면 좋을 일이라고 생각한다면, 무언가 차원이 완전히 다른 이야기다. 물론 때를 벗긴다는 것이 나쁘다는 뜻이 아니다. 하지만 왠지 단단히 손해를 보는 기분이 든다. 우리도 온천이 지닌 대단한 능력을 분명하게 알고, 온천의 큰 은혜를, 그런 혜택을 놓쳐서는 안 된다. 바로 그 점을 알리기 위해 이 책을 쓰고 있는 것이다.

다시, 지각의 구성 원소와 인체의 구성 원소로 돌아와서 공통되는 중요한 원소들만 간추려 살펴보자.

산소O, 수소H, 탄소C, 질소N, 칼슘Ca, 칼륨K, 나트륨Na, 철Fe, 마그네슘Mg, 알루미늄Al, 규소Si 등이다. 이 정도는 영양제 한 통만 먹어도 살펴보는 성분이라 대충 알고 있을 것 같다. 어렴풋이 알고 있었다면 이제 이런 원소기호 정도는 정확하게 기억하자. 신기하게도 이 원소들이 바로 온천에 녹아 있는 그 원소들이다.

단순하게 물이 좋아서 온천을 가기보다는 온천수의 분명한 화학적 작용 원리를 알고 가면 더 즐겁지 않을까. 온천은 저마다 품고 있는 화학 성분이 다르고, 그 성분들에 따라 온천의 성격이

다르고, 우리 몸에 작용하는 기저도 다르다.

이제 과학적으로 온천을 알고 온천에 대한 인식을 전환할 때가 왔다. 온천을 즐기며 신선한 미네랄을 흡수하면서 그것이 어떻게 작용하고, 그 효과로 우리 몸의 생체 리듬이 좋아지고 건강해지는지 알 필요가 있다.

이 책을 다 읽고 나면 반드시 생각의 변화가 있을 것이라 확신한다. 그리고 온천이 얼마나 고맙고 소중한지 모두 함께 느꼈으면 좋겠다.

18

온천에 있는 기본적인 세 가지 음이온

지각과 인체 구성의 공통 원소들에 보태어 온천이 생겨나는 과정에서 비롯된 세 가지 음이온이 있다. 땅속 깊은 곳에서 온천이 생겨나는 여러 가지 상황과 특성에 따라 온천수에 기본적으로 녹아 있는 성분들이다.

> 온천수를 특정 짓는 용존 화학 성분은 다종다양하며, 그 조성에 따라 온천 성분이 분류되는데, 온천 성분을 형성하는 메커니즘에 따라서 염소이온 Cl^-, 탄산수소이온 HCO_3^-, 황산이온 SO_4^{2-} 세 종류의 음이온이 기본이다.(日本温泉気候物理医学会 編, 『新温泉醫學』, 日本温泉気候物理医学会, 2012.)

온천수는 지하수가 땅속에서 고온과 고압을 견디면서 여러 종류의 암석과 가스, 그리고 해수와 마그마수 같은 특별한 물들과 만나서 섞이고 화학반응을 하여 지표로 용출될 때 함께 그 성분을 품고 나온다. 그런데 그 온천수에는 염소이온·탄산수소이온·황산이온의 비율이 높다는 것이다.

온천학에서는 이와 같이 기본적인 음이온에 따라 온천수의 이름을 붙인다. 염소이온이 많이 나오면 염화물천, 탄산수소이온이 많이 나오면 탄산수소염천, 황산이온이 많이 나오면 황산염천이 된다. 염류천들의 기본 음이온 앞에 양이온을 더하면 온천의 성분에 따라 이름을 붙일 수 있고 온천 성분 분석표도 볼 수 있다.

간단한 예를 들면, 기본 음이온으로 염소이온이 많은 염화물천에 양이온으로 나트륨이온이 주로 용출되면 두 원소를 함께 쓰는데 양이온을 앞에 쓰고 음이온을 뒤에 붙여 나트륨염화물천이 되는 것이다. 짭짤한 소금 맛이 나는, 흔히 말하는 식염천이다.

이렇게 이온들을 알고 각 온천의 성분 분석표를 보면 온천을 화학적으로 제대로 파악할 수 있다. 물론 이외에도 이산화탄소천이나 유황천 등등 온천의 종류가 많지만 천천히 공부하기로 하자.

그에 앞서 온천에 대한 엉터리 지식을 하나를 짚어 보기로 한다. 염화물천을 흔히 식염천과 혼동하여 같은 뜻으로 생각하는 사람이 많다. 식염천은 염소이온이 나트륨이온과 결합한 것이고, 염소이온이 칼슘이나 마그네슘이온과 결합했을 때에는 칼슘염화물천, 마그네슘염화물천이 된다. 즉 모든 염화물천이 반드시 식염천은 아니다.

온천은 어렵지는 않지만 아는 것과 모르는 것에는 큰 차이가 있다. 당연히 온천에는 원소들이 이온 또는 분자 상태로 녹아 있어 눈에는 보이지 않는다. 눈에 보이지 않는데 어떻게 알 수 있을까? 그 점이 우리가 실제 생활에서 온천을 알아야 하는 이유다. 그리고 분명히 알 수 있다. 촉감으로 알 수 있고, 맛으로 알 수 있고, 몸을 담글 때의 느낌으로 알 수 있고, 온천욕 후에 피부에 남는 것으로 알 수 있다. 화학 성분은 반드시 그 특성을 드러낸다.

우리가 지금껏 잘 몰랐던 것은 이런 공부 없이 온천욕을 했기 때문이다. 이제는 그냥 물이 좋다가 아니라 '이래서 온천이 좋구나'라고 납득할 수 있을 것이다.

쉬운 예로 염화나트륨은 소금이다. 소금이 들어갔으니 당연히 짠맛이 난다. 온천수에 소금 성분이 적으면 짠맛이 연할 것이고, 많으면 짠맛이 진할 것이다. 그런데 몇 밀리그램이 있어야 짠맛이 날까? 온천을 다니면서 유심히 온천수를 맛보고 경험치가 쌓이면 알 수 있게 된다. 내공이 쌓이면 단번에 알 수 있다.

성분 분석표에는 함량이 굉장히 많은데 짠맛이 안 난다거나 지난번보다 터무니없이 연하다면, 그것은 바로 온천수보다는 다른 물이 많이 섞여 희석되었다는 뜻이기도 하다.

온천수의 상태가 어떤지 아무것도 모르고 무작정 탕에 들어가 앉아 있다고 생각하면, 뭔가 많이 아쉽다. 고등어 한 손 살 때는 아가미가 신선한가, 눈알이 싱싱한가를 꼼꼼히 따지는데, 정작 내 몸을 담그고 있는 물을 알지 못한다니!

물론 대부분의 온천장에서 영업 규칙을 잘 지키고 위생적으로 좋은 온천수를 공급하려고 애쓰겠지만, 이와는 별개로 온천에 대해 우리 스스로가 기본적인 것들을 알아야 하지 않을까?

어쨌든 온천은 기나긴 화학적인 과정을 무수히 거쳐서 온천의 화학적 성질, 즉 '천질泉質'을 갖게 된다. 드디어 온천 자신만의 특별한 개성을 띠게 되는 것이다. 그러니 온천이 얼마나 화학적인 것인가! 이제 온천이 단순한 그냥 물이 아니라는 사실을, '온천을 다녀오면 몸이 다르구나' 하는 느낌이 그저 기분 때문만은 아님을 확실히 알게 되었다.

곰곰이 생각해보면, 온천이 아니면 우리가 이렇게 신선하고 완벽한 화학 물질 속에 온몸을 푸욱 담글 수 있는 방법이 달리 없다. 그런 옷이 있나, 이불이 있나. 게다가 따스하고 편안하고 깨끗해지기까지 하니, 이 세상에 진심으로 온천만 한 것이 없다. 온천을 하는 것이야말로 정말 훌륭하고 완벽한, 그리고 건강한 삶의 방식 중 하나다.

19 온천의 성분 분석표 보는 법

온천에 가면 계산대나 탈의실 한쪽에 온천수의 성분을 분석해 놓은 성분 분석표(시험 성적서)가 걸려 있는 것을 볼 수 있다. 성분 분석표에는 그 온천의 모든 화학적 정보가 정리되어 있다. 예시로 제시한 시험 성적서는 경북 영천에 있는 사일온천의 성분 분석표다.

성분 \ 시료번호	1
K	7.78
Na	326
Ca	494
Mg	55.4
SiO_2	24.4
Li	1.21
Sr	11.1
Fe	<0.02
Mn	<0.02
Cu	<0.03
Pb	<0.05
Zn	0.21
F^-	0.51
Cl^-	38.8
SO_4^{2-}	1 700
TS	2 800

사일온천의 성분 분석표

가장 먼저 볼 항목이 표 맨 아래쪽에 있는 TS다. TS는 총고형물total solids이라는 뜻으로, 온천수가 증발되고 남은 물질의 총량(증발 잔류 물질의 총량)이다. 쉽게 말하면, 온천수 속에 칼슘이나 철분 등과 같은 미네랄이 얼마나 들어 있는가를 나타낸다. 한마디로 온천의 성분이 얼마나 진한가를 나타내는 수치다.

TS 2800밀리그램은, 온천수 1리터당 2800밀리그램의 미네랄이 녹아 있다는 뜻이다. TS 2800밀리그램이면 상당히 많은 양의 미네랄이 녹아 있는 온천에 속한다. 한번도 유심히 본 적이 없다면 얼마나 성분이 풍부하고 진한지 감이 오지 않을 것이다. 그렇다면 유명한 일본의 온천들과 비교해보자.

일본 구사쓰 온천의 유바타케 원천수

일본 3대 온천 중 하나인 구사쓰草津 온천은 세계적으로 유명하고 한국에도 널리 알려진 곳이다. 온천수량이나 산성천이라는 조건은 제외하고 단순하게 TS만 비교해보면, 구사쓰 온천의 유바타케湯畑 원천수源泉水는 약 1470밀리그램, 사일온천은 2800밀리그램이다. 이 수치만 봐도 사일온천에 미네랄이 얼마나 풍부하게 들어 있는지 알 수 있다.

다시 사일온천의 성분 분석표로 돌아가서 낱낱의 성분들을 살펴보자.

가장 많은 성분은 황산염SO_4^{2-}이다. 무려 1700밀리그램이나 된다. 이것은 일본의 보양온천* 기준을 훨씬 넘어서는 수치다. 사일온천은 너무나도 성분이 풍부한 황산염 온천인 것이다. 다음으로

* 우리나라에는 정확한 기준이 없지만, 일본 「온천법」에서는 온천수 1킬로그램당 용존물질(溶存物質)이 1000밀리그램 이상의 온천을 보양온천(保養溫泉)으로 특별히 지정하고 있다.

칼슘Ca이 494밀리그램, 나트륨Na이 326밀리그램, 마그네슘Mg이 55.4밀리그램, 염소이온Cl^-이 38.8밀리그램, 이산화규소SiO_2가 24.4밀리그램 들어 있다. 사일온천은 칼슘·나트륨-황산염 온천이다.

온천에 함유되어 있는 성분을 보면 그 온천의 화학적 특성을 알 수 있다. 그 온천이 어떤 온천인가, 내 몸에 어떤 작용을 하는가를 바로 알 수 있다는 뜻이다.

사일온천의 성분 분석표에서 가장 많은 황산염 성분은 우리 몸의 근육, 특히 골격의 연골 부위에 있는 성분이다. 흔히 관절 보호를 위해 먹는 영양제로 그 효능을 인정받고 있는 콘드로이틴chondroitin 황산의 재료가 바로 황산이온이다.

황산염이 풍부한 온천에 몸을 담글 때의 느낌이 너무 좋다. 몸을 담그자마자 무릎이나 발목 같은 관절 부위가 자극을 받는다. 뼛속까지 시원한 느낌을 준다. 뜨거운 온천에 들어가 '아, 시원하다' 하는 느낌을 주는 주성분이 황산염이기 때문이다. 칼슘이 뼈에 좋다는 것은 너무 잘 아는 사실이고, 나트륨이온과 규소이온도 풍부해서 목욕 후 촉촉한 느낌이 특별하다.

온천을 알고 하는 것과 모르고 하는 것은 하늘과 땅 차이다. 성분 분석표를 보면 많은 것을 알 수 있다. 그러니까 성분 분석표를 볼 줄 알아야 한다.

다른 온천의 성분 분석표를 하나 더 보자. 강원도 인제에 있는 필레온천의 성분 분석표다.

역시 가장 먼저 볼 것은 TDStotal dissolved solids*로 용존고형물 총량이라는 뜻이다. 다시 말해 온천수에 녹아 있는 고형 물질의 총량이다. TDS가 무려 4300밀리그램이다. 일본 보양온천 기준의 4배가 넘는 수치다.

* TS(total solid)와 엄밀하게는 구분되는 개념이지만, 거의 비슷하게 사용된다. 참고로 일본에서는 '총증발잔류물'이라는 개념을 주로 사용한다. 값이 가장 많이 나오는 측정법이다. 세 가지 모두 온천 농도의 진하기 정도로 이해하면 된다.

pH는 7.10으로 중성이다. 중성이면 알칼리의 피부 자극은 걱정 없지만, 알칼리의 미끄러움이 부족하여 온천수의 촉감이 어떨까 궁금해진다.

필레온천의 성분 분석표를 보면 탄산수소염이온HCO_3^-이 4146밀리그램이나 된다. 탄산수소이온은 이산화탄소 가스가 물과 반응한 것으로 거품 같은 촉감을 느낄 수 있다.

그런데 성분 분석표에는 나트륨 또한 1603밀리그램으로 적혀 있다. 나트륨만 보고 '아, 짠 온천이구나' 속단하기 쉽다. 자, 우리는 온천을 제대로 배우려는 사람들이 아닌가. 그런 엉터리 오류를 퍼뜨려서는 안 된다.

번호	성분	수치	비고
1	pH	7.10	현장분석치
2	EC	4,887	현장분석치
3	TDS	4,300	
4	K^+	31.2	
5	Na^+	1,603	
6	Li^+	4.21	
7	Sr^{+2}	1,40	
8	Ca^{+2}	85.5	
9	Mg^{+2}	11.7	
10	Ci^-	3.0	
11	F^-	0.93	
12	SO_4^{-2}	ND	
13	HCO_3^-	4,164.8	현장분석치
14	CO_3^{-7}	4.6	현장분석치
15	Free CO_7	ND	현장분석치
16	H_2S	ND	현장분석치
17	Fe	0.61	
18	SiO_2	79.3	
19	Mn	0.09	
20	NO_3	ND	
21	Cu_3^-	ND	
22	PO_4^{2-}	ND	
23	Cr	ND	
24	Cd	ND	
25	Pb	0.02	
26	Zn	0.07	
27	Al	0.04	
28	Ge	7.34	게르마늄
29	대장균	ND	

필레온천의 성분 분석표

나트륨이 염소와 결합하여 염화나트륨이 되면 분명히 짠맛을 느낄 수 있다. 그러나 필레온천에는 염소가 3밀리그램으로 상대적으로 적다. 그래서 소금이 되는 양이 많지 않아 거의 짜지 않다.

필레온천은 풍부한 탄산수소염과 나트륨이 결합하여 탄산수소나트륨$NaHCO_3$, 중탄산나트륨 온천이다.

중탄산나트륨을 흔히 '소다'라고도 하는데, 신물이 나고 속이 쓰릴 때 위산을 조절해주는 제산제다. 물론 약을 먹거나 병원에 가는 것이 보통이지만, 천연의 온천에 이런 성분이 녹아 있다면 누구라도 온천에 몸을 담그고 싶을 것이다.

실제로 체증이 있거나 신물이 날 때 탄산수소염천에 몸을 담그면 트림이 나면서 더부룩한 속이 가라앉고 편안해진다. 온천수의 중탄산나트륨이 피부로 흡수되어 십이지장에서 위산을 중화하여 음식물을 작은창자로 내려보내는 데 즉각적인 효과가 나타나는 것이다. 이것이 바로 온천의 화학적 작용이다.

온천이 너무나 화학적인 존재라는 사실이 증명된다. 이런 원소 간의 화학반응이 우리 몸속으로 흡수되어서도 일어나기 때문에 온천수가 일반 물과는 다르다는 뜻이다. 몸속에서 화학반응을 일으켜 우리 몸을 건강하고 활기차게 되돌려주는 물이 온천수다. 온천은 알고 보면 정말 감탄할 수밖에 없는 존재다. 이렇게 좋은 온천이 우리나라에도 너무나 많다는 것을, 정말로 많은 사람들이 알았으면 좋겠다.

마지막으로 이산화규소를 보면 79.3밀리그램이다. 이산화규소는 피부 보습에 영향을 준다. 피부가 촉촉해지는 천연 린스의 효과가 있다. 이산화규소는 맨틀에 많은 성분으로 마그마로 솟아나와 지각에도 많은 부분을 차지한다. 화성암 중 특히 필례온천의 기반암인 규암과 관계가 깊다고 볼 수 있다.

이처럼 성분 분석표에는 온천의 모든 정보가 담겨 있다.

온천에 관한 책을 쓰는 가장 큰 목적이 바로 이렇게 우수한 우리 온천을 알리는 것이다. 우리나라에도 성분이 풍부한 온천들이 많다. 전국 곳곳에 이런 훌륭한 온천들이 많은데, 제대로 대접받지 못하고 있는 것 같아 개탄스럽기 그지없다. 우리나라 온천은 보잘것없다는 편견은 이제 좀 거두었으면 좋겠다. 정말로 좋은 온천이 많이 있다.

그리고 한 가지 더 있다.

우리나라 「온천법」 제19조 제3항에는 "수질 검사 및 성분 검사를 받은 자는 검사의 결과와 온천의 온도, 금기증, 목욕용 또는 음용으로 사용할 때의 주의사항, 그 밖에 행정안전부령으로 정하는 사항을 온천 이용시설 안의 보기 쉬운 장소에 게시하여야 한다"고 규정하고 있다.

우리나라에서는 온천 영업을 계속하려면 5년마다 한 번씩 지자체의 관리와 감독 아래 온천 조사를 실시하고, 이때 온천 성분 분석표를 작성하도록 되어 있다.

이렇게 공신력 있는 성분 분석표를 게시하도록 법으로 명시하고 있지만, 아직도 성분 분석표의 공개를 꺼리는 분위기다. 심지어 온천을 관리·감독할 의무가 있는 지자체 공무원도 이 사실을 까맣게 모르고 있는 경우가 부지기수다.

이 책을 쓰면서 공정한 성분 분석을 위해 온천에 제시되어 있는 광고성 정보가 아닌 정본의 성분 분석표를 지자체에 의뢰했는데, 어느 지자체에서는 뜻밖에도 성분 분석표를 보고 싶으면 정보공개청구를 하라고 적반하장 격으로 명령했다.

그리고 무려 한 달이나 걸려서 도착한 자료는 정식 성분 분석표가 아니었던 까닭에 책에 실을 수도 없는 자료였다. 직영하는 양탕장까지 있는 경남 최대 규모의 도시일 뿐만 아니라, 매일 엄청난 수의 손님들이 드나드는 온천 지구인데 말이다. 그래서 애석하게도 이 책에서는 그 지역의 온천을 한 군데도 언급할 수 없었다.

일본에서는 성분 분석표를 게시하지 않으면 온천의 영업 자체가 불가능하다. 너무나 당연한 일이 아닌가. 대가를 받고서 제공하는 물인데, 그 물에 대한 정보를 공개할 수 없다는 것은 상식적으로 이해할 수 없다. 아무리 작은 밥집이라도 고춧가루 하나까지 원산지를 밝히고 있지 않은가.

법으로 성분 분석표의 게시를 규정하고 있는데, 각 온천장에 성분 분석표를 게시하도록 관리해야 할 지자체가 도리어 알려줄 수 없다니, 반드시 개선되어야 할 부분이다.

「온천법」 제19조 제3항에서 중요한 부분은 '성분 검사 결과와 금기증의 명시'다. 금기증禁忌症이란 온천의 화학 성분이 이용자의 건강 상태와 맞지 않을 때는 주의를 기울이라는 정보다. 일본에서는 성분 분석표와 금기증의 명시를 철저하게 지키고 있다. 우리도 안전한 온천을 위해서라도 반드시 이용자에게 알릴 필요가 있다.

이런 다종다양한 화학 성분을 품은 온천은 사람에게 많은 영향을 준다. 그것이 어떻게 가능할까? 온천수를 마시는 것도 아니고 단순하게 몸을 담그는 것뿐인데, 어떻게 사람의 몸은 온천의 그 많은 성분을 흡수할 수 있을까?

바로 그 점을 알아볼 차례다. 아무리 좋은 성분이 많아도 내 피부로 받아들여야 의미가 있으니까!

뼛속까지 시원한 황산염천
사일온천

벌써 여러 날 계속 비가 옵니다. 비가 오는 날에는 언제나 비 내리는 노천탕이 생각이 간절합니다. 그러면 다녀와야겠지요.

경북 영천에 있는 사일온천입니다. 온천탕이 꽤 넓어요. 깨끗하게 관리가 잘된 모습입니다.

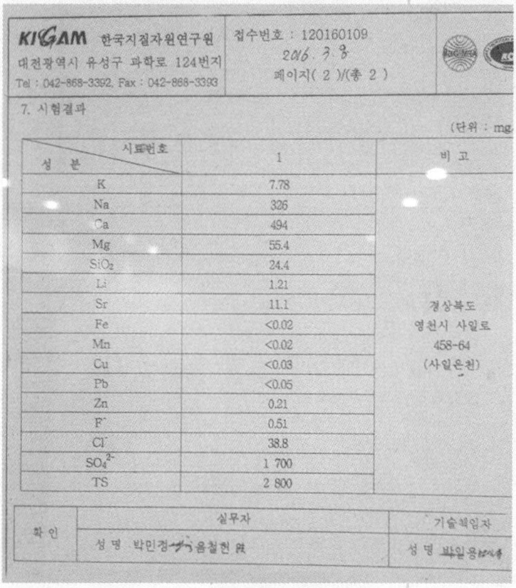

KIGAM 한국지질자원연구원
대전광역시 유성구 과학로 124번지
Tel : 042-868-3392, Fax : 042-868-3393

접수번호 : 120160109
2016. 7. 8
페이지(2)/(총 2)

7. 시험결과

(단위 : mg

성분 \ 시료번호	1	비고
K	7.78	
Na	326	
Ca	494	
Mg	55.4	
SiO_2	24.4	
Li	1.21	
Sr	11.1	경상북도 영천시 사일로 458-64 (사일온천)
Fe	<0.02	
Mn	<0.02	
Cu	<0.03	
Pb	<0.05	
Zn	0.21	
F^-	0.51	
Cl^-	38.8	
SO_4^{2-}	1 700	
TS	2 800	

확인	실무자	기술책임자
	성명 박민정 윤철현	성명 박일용

성분 분석표

사일온천의 성분 분석표입니다. 앞에서도 보았지만 TS 2800밀리그램으로 굉장히 농도가 진한 온천이에요. 그리고 무엇보다 황산염이 상당히 많아 1700밀리그램이나 되어요. 황산염은 특이하게도 강원과 경북 일대에서 용출량이 많은 성분입니다.

사일온천은 pH 7.3으로 중성입니다. 그래서 촉감이 특별히 매끄러운 온천은 아닙니다만, 그 대신 황산염의 시원함이 뛰어납니다. 황산염은 열탕에서 유감없이 특성을 발휘합니다. 온천에 몸을 담그면 즉시에 뼛속까지 시원해지죠.

미인탕의 조건에도 딱 맞는 pH에 칼슘 494밀리그램, 나트륨 326밀리그램, 마그네슘 55.4밀리그램으로 꽤 많은 편이에요. 그래서 온천수의 천질명은 칼슘·나트륨·마그네슘-황산염천이지요. 칼슘이나 나트륨·마그네슘은 모두 세포액과 뼈를 구성하고, 우리 몸의 작동에 없어서는 안 될 기본 원소들이에요.

열탕, 온탕, 미온탕에는 용들이 물을 내뿜고 있어요. 바데탕, 차가운 냉탕이랑 넓은 냉탕풀도 있네요. 냉탕도 물이 좋군요. 그리고 물이 굉장히 많아요. 물이 많으면 이용객은 좋지만 관리하는 입장에서는 어려울 텐데, 소독약 냄새가 전혀 나지 않고 참 좋네요.

제일 먼저 샤워기로 물 마중을 깨끗이 합니다. 하아, 샤워기에서 쏟아지는 물도 느낌이 좋군요. 자 그럼, 들어가볼까요?

가장 좋아하는 열탕으로 갑니다.

오오, 뜨겁네요. 아, 그리고 시원해요. 즉시 황산염이 열기를 타고 발목이랑 무릎 같은 관절 부위부터 찌르듯이 시원하게 파고듭니다. 가장 먼저 치고 들어오는 뜨끈한 열기가 정말 매력적입니다. 강한 듯해도 부드럽고 묵직한 온천다움이 있어요.

뜨거운 탕에 들어갔을 때 '어으, 시원해' 하는 느낌, 느껴본 적 있죠? 바로 그 뜨거운데 시원한 느낌이 황산염의 느낌이에요. 아저씨같이 "어으!" 소리가 절로 나는.

꿉꿉한 날씨에 몸이 찌뿌둥했는데, 시원하게 쭈욱 허리를 젖힙니다. 여름이라도 워낙 냉방을 하는 탓에 체온이 내려가는 경우가 많잖아요. 체온이 내려가면 면역력이 떨어져요. 그럼 개도 안 걸린다는 여름감기를 달고 살죠. 잘 떨어지지도 않고, 그럴 때 온천입니다.

몸이 이제 후끈 더워졌어요. 냉탕에도 물이 많고 좋아 보이지만, 저는 노천탕 취향이라 비가 추적추적 내리고 있는 넓은 노천탕으로 나갑니다.

크으, 비 내리는 노천탕입니다.

시원한 숲속의 공기가 가장 먼저 반깁니다. 온천 좀 한다는 고수들은 한결같이 "비 내리는 날의 노천탕은 중독과 같다"고 해요. 완전 백퍼센트 공감입니다.

비 내리는 노천탕

더구나 사일온천은 산속에 있어서 공기가 상큼하고 열린 공간이라 참 좋아요. 그리고 비에 젖은 빽빽한 대나무 숲도 푸릇하니 보기 좋네요.

비까지 오니 더운 몸에 닿는 시원한 빗방울을 즐기며, 풍덩~ 시원한 탕에 몸을 던지듯 들어갑니다.

야아, 야아, 이 쾌감. 연신 감탄사밖에 나오지 않네요. 이럴 때 한번 개구리헤엄으로 사알사알 돕니다.

깊고 푸른 냉탕은 온천수가 아니고 인근의 약수예요. 만져보면 물이 달라요. 부들부들하거든요. 온탕과 냉탕의 합이 좋군요.

아, 시원해. 옆에 있는 간이 침대에 하늘을 보고 길게 누워 수건을 딱 덮습니다.

톡 톡 토톡, 발그레해진 얼굴 위에 떨어지는 빗방울. 눈을 감으니 몸이 차악 가라앉아요.

'아. 좋다.' 뜨거운 몸에 닿는 시원한 공기, 흩뿌리는 빗방울, 그리고 대숲의 푸른 바람까지.

지금 이 순간만큼은 아무것도 부족한 것이 없어요. 그리고 진심 아무 생각이 없어져요. 아무 근심 걱정 없이 고운 비와 바람이 지나가는 하늘 아래 누워 있어요. 비 내리는 노천탕에서 누리는 최고의 호사입니다.

몸이 살짝 식는다 싶으면 바로 옆의 노천 온탕의 따스한 온천에 몸을 기대고, 바람 따라온 빗방울을 맞습니다.

몸이 다시 더워지는가 하면 다시 냉탕에 풍덩~, 무한 반복입니다.

다시 누워서 하늘을 봅니다. 비 오는 날에 하늘을 올려다본 적 있나요? 비 오는 날의 하늘은 곰탕색이에요. 어디서도 맛볼 수 없는 이런 해방감에 일상의 모든 스트레스가 남김없이 씻겨 나가는 기분입니다.

사일온천은 물이 좋아서 몸을 빠르게 데울 수도 있어요. 온몸이 새빨개지도록 데웠다가 물 좋은 냉탕을 한 바퀴 돌아보세요. 그리고 침대에 편안하게 누우면 됩니다.

몸이 무른 반죽처럼 내려앉듯 가라앉았다가 잠들었나 싶은 순간, 깨어나면 날아갈 듯 가벼워진답니다. 성분이 진한 황산염천이라 관절이 부드러워지고 몸속에 따뜻한 느낌도 오래가요.

이렇게 쉬는 동안에 온천의 좋은 성분들이 흡수되면서 신진대사가 잘되어 흐트러진 생체 리듬이 균형을 잡습니다. 몸도 가볍고 기분도 가볍습니다. 온천은 몸과 마음을 모두 치유한다는 말, 정말이에요.

벌써 피부가 촉촉하네요. 사일온천은 이렇듯 좋은 물에 아름다운 자연 속에서 느긋하게 쉴 수 있는 노천탕이 참 멋지군요. 시원한 비를 맞으며 뜨끈한 노천 온탕에 몸을 담그는 우천탕雨泉湯, 꼬옥 한번 해보세요. 그리고 조심하세요! 중독됩니다.

20 몸을 감싸고 있는 소중한 얇은 피부

앞에서 온천수는 완전히 화학적인 물이란 것을 알게 되었다. 그럼 이제 우리 몸의 피부가 온천의 좋은 성분을 과연 흡수할 수 있을까 하는 의문을 풀어보자. 온천에 아무리 좋은 성분이 많아도 피부로 그 좋은 성분들을 흡수할 수 없다면 아무 소용없는 일 아닌가? 그러니 먼저 피부에 대해 알아보자.

우리는 너나없이 모두 바쁘다. 자고 일어나서 세수하고 거울 앞에 앉은 아침에나 잠깐 얼굴을 보면서 '아, 오늘은 좀 푸석하네' 또는 '좀, 그을렸나?' 그리고 마지막엔 '아, 나도 늙는구나' 하다가 일어서면 홀랑 잊어버리기 일쑤인 우리의 피부. 때때로 피곤에 지쳐 씻지 못하는 날도 있다. 지금이라도 잠시 진지하게 소중한 피부를 생각해보자.〔『고교생이 알아야 할 생물 스페셜』(이병언 지음, 신원문화사, 2000)이라는 책을 주로 참조했다.〕

많은 사람들은 피부의 실체를 모른다. 나 역시 그렇다. 그저 피부를 눈에 보이는 신체의 표면으로 생각할 뿐이다. 그러나 피부는 우리 몸의 기관 중에서 가장 큰 기관이다. 무게는 뇌보다

두 배 무거운 3킬로그램 정도다. 피부를 활짝 펼치면 18평방미터(약 6평)쯤이다. 가로세로 2.54센티미터의 피부에는 65개의 모근, 100개의 기름샘, 650개의 땀샘, 1500종류의 신경수용체 그리고 수많은 신경이 분포되어 있다.

사람의 피부는 보호막으로서 놀라운 기능을 한다. 이물질이 몸 안으로 침투하는 것을 막고 체온을 조절해주며, 해로운 박테리아가 침입하지 못하도록 할 뿐만 아니라 침입한 박테리아를 죽인다.

피부 표면은 산성 성분의 막인데, 이 막이 박테리아 등의 세균으로부터 피부 안쪽을 보호한다. 이상적인 피부의 산성도는 pH 5.2~ 5.8이다. 외부의 자극으로 피부의 산성도가 변하더라도 일정 시간이 지나면 원래 상태로 되돌아온다.

피부에서는 털이 자라며 소금기 있는 용액, 즉 땀이 분비된다. 사람은 매일 약 0.47리터가량의 수분을 피부를 통해 몸 밖으로 내보낸다. 기온이 오르거나 힘든 일을 할 때 땀을 흘리게 되는데, 체온을 일정 수준으로 유지하기 위해 수많은 땀구멍에서 비 오듯 땀이 쏟아진다.

그리고 사람의 피부에는 촉각·압각·통각·냉각·온각의 다섯 가지 감각점이 있다.

피부의 두께는 부위에 따라 다르다. 눈꺼풀 부위가 가장 얇고 손바닥과 발바닥이 가장 두껍다. 또한 상피의 맨 바깥층인 각질층은 노화된 피부로 이루어져 있으며, 평평하고 무감각하여 벗겨져 나가기 일보 직전까지 붙어 있다. 상피의 나머지 층은 살아 있으며 확산 작용에 의해 영양분을 공급받는다.

이 외에도 비타민 D를 합성하여 면역 기능을 높이고, 몸속의 장기 이상을 나타내는 기관이며, 약물을 투입하는 통로이기도 하다.

이렇게 많은 일을 하고 있다니, 피부는 정말 놀랍고도 고마운 기관이다.

그러나 많은 사람들이 피부의 고마움을 느끼지 못하며 살고 있다! 나 역시…….

21 피부는 온천의 성분을 흡수한다

앞서 살펴본 피부의 수많은 역할 중에서 온천과 밀접하게 관련된 부분은 '피부의 흡수'다. 피부의 중요성이나 고마움을 생각지도 못하고 살고 있듯, 우리는 피부의 흡수에 대해서도 진지한 인식 없이 살아가고 있다. 그러나 이 기회에 확실하게 알아두자. 그래야만 온천에서 몸을 담그는 것이 얼마나 중요한지, 온천수가 내 몸에 흡수되어 얼마나 많은 영향을 끼치고 있는지를 알게 될 테니까!

'피부의 흡수'란 피부에 접촉한 물질이 표피를 통과하여 진피까지 도달하고 확산되어 혈관으로 흡수되는 것을 말한다. 피부를 거쳐 혈관으로 들어가 몸 구석구석에 필요한 성분이 공급된다. 한마디로 피부는 피부에 닿는 모든 것을 흡수할 만한 상황이 되면 흡수한다.

생각해보면 우리는 일상생활에서 이미 충분히 피부의 흡수를 이용하고 있다. 모기에 물리면 물파스를 바르고, 손이 건조하면 보습제를 바르고 있으니까 말이다.

그러니까 온천에 녹아 있는 화학적 성분이 피부로 흡수되느냐는 질문의 답은 "완전, 그렇다!"이다.

펼치면 6평이나 되는 피부가 어떤 방식으로 흡수하는지 한번 살펴보자. 피부의 흡수에는 크게 경피經皮 흡수와 경피 부속기관의 흡수가 있다(여기서 경피는 간단하게 피부와 같은 뜻으로 이해하면 된다).

먼저 경피 흡수에는 유성 성분을 흡수하는 경로와 수성 성분을 흡수하는 경로가 있다. 즉 세포를 통과하는 친수성親水性 경로와 세포 사이의 지질로 흡수되는 친유성親油性 경로를 뜻한다. 이 두 가지 경로를 통해 수분 성분의 토너와 유분 성분의 로션이 피부에 침투하는 것이다. 이러한 경피 흡수는 피부 흡수량의 대부분을 차지한다.

두 번째 경피 부속기관의 흡수는 땀샘, 모공, 피지선 등을 통한 흡수다. 분자량이 큰 물질과 가스 성분은 주로 경피 부속기관의 확산 작용으로 흡수된다.

온천 성분에는 원자 크기의 작은 알갱이가 있고 온천의 노화현상aging에 따라 이온화되어 있던 원자들이 결합해 분자 크기로 커진 것도 있으며, 가스 형태인 것도 있다. 이러한 온천의 성분은 경피와 경피 부속기관을 통해 우리 몸속으로 모두 흡수된다.

피부의 흡수는 소화기관을 통과하면서 위산의 간섭을 받는 경구經口 흡수와는 다르다. 그래서 약을 먹을 수 없는 상태일 때 주사를 맞거나 좀 더 전문적인 처치로 약물 패치를 붙이기도 한다. 단지 피부에 붙이기만 해도 혈중 약물의 농도를 일정하게 유지하는 처치가 가능하다니, 피부의 흡수는 너무나 중요한 작용이다.

한편, 뒤집어 생각해보면 몸에 해로운 성분이 있는 물에 몸을 담그면 이때 인체가 입는 피해는 우리가 생각하는 것 이상이 될 수도 있다. 한여름에 많은 사람이 복작대는 물놀이장에서 소독약 냄새가 심하게 날 때가 있다. 신나게 놀 때는 몰랐는데, 시간이 지날수록 피부가 까칠하고 몸도 굉장히 피곤하다. 돌아가는 차 안에서 곯아떨어진 아이들을 바라보고 신나게 놀았구나 생각할지도 모른다. 그러나 몸이 작고 피부가 연약한 아이들은 어른보다 훨씬 더 많은 피해를 입었을 수도 있다. 수질이 좋지 않아 피해를 입는 대표적인 경우라고 할 수 있다.

수영장은 염소가 휘발되는 노천인 경우가 많고 물의 온도가 높지 않다는 점에서 온천과는 다르다. 이에 비해 온천은 고온인데다 대부분 실내이고, 또 알칼리성 세정 비누로 피부의 산성막을 씻어내거나 때를 미는 등 피부에 직접적인 자극을 가하기 때문에 이런 약품에 노출된다면 그 피해는 걷잡을 수 없다. 물론 온천에도 위생을 위해 온천수를 순환·여과하면 자동적으로 소독이 된다.

그럼 어디까지가 안전하고 안전하지 않은지, 그 기준을 어떻게 알 수 있을까? 어렵게 생각할 것 전혀 없다. 아주 간단하고 분명한 기준이 있다. 바로 집집마다 나오는 수돗물이다.

수돗물은 지표수를 정화하여 소독 처리해서 안전하게 제공하는 생활용수의 표준이다. 안전하게 처리했더라도 소독약 냄새 같은 것이 전혀 나지 않는 수돗물을 보편적인 안전의 기준으로 삼으면 된다. 먼 길을 달려 비싼 돈 내고 온천에 들어갔는데 물에서 독한 소독약 냄새가 난다면, 집에 있는 수도꼭지의 물만도 못 한 것이라는 뜻이다.

그러니 우리가 물에 대해서, 온천에 대해서 더 잘 알아야 하는 이유가 여기에 있다. 이제는 온천에 대해 아무것도 모르는 상태에서 몸을 담그고 싶지는 않을 것이다. 아무것도 모르고 온천을 다녔구나 하는 생각이 든다면 이제부터 잘 알면 된다.

그럼, 피부가 모든 것을 흡수할 수 있는 최적의 상태는 언제일까? 피부는 온천에 갔을 때 가장 잘 흡수한다! 정말 그럴까?

피부의 흡수에 가장 적당한 조건을 살펴보면, 온도와 습도가 높아서 모공이 활짝 열렸을 때, 피부의 혈행血行이 좋아져서 혈류량이 증가할 때, 각질이 연화軟化되어 각질층이 얇아졌을 때다.

눈치챘을 테지만, 바로 온천에 몸을 담갔을 때와 딱 맞아떨어진다. 온천의 따뜻한 온도와 높은 습도에서 모공이 활짝 열리고 모공을 막고 있던 노폐물이 씻겨 나간 후가 그렇다. 몸이 따뜻해지고 편안하게 이완되면 자연히 혈관이 확장되고 혈액 순환이 좋아지고 혈류량도 증가한다.

수분이 충분하게 공급되어 굳은 각질까지 말랑말랑하게 부드러워진다. 바로 피부가 흡수하기 좋은 상태다. 그래서 좋은 온천에 다녀오면 피부가 촉촉하고 탱탱해지는 것이다.

한 가지 조심해야 할 점이 있다면, 피부가 흡수하기 좋은 상태가 곧 손상을 입기도 쉬운 상태라는 점이다. 이는 비단 온천뿐만 아니라 일반 목욕이나 샤워 등 모든 세정 과정에서 공통된 점이라 할 수 있겠다. 오히려 온천에서처럼 풍부한 미네랄의 보호를 받지 못하는 일반 목욕에서 더 주의를 기울여야 한다.

22 뽀드득한 개운함이 좋다고?

피부의 보호막 손상에서 특히 주의해야 할 부분은 얼굴이나 눈꺼풀처럼 얇은 피부다. 사람의 피부막은 약산성으로 pH 4.5~6.5 사이를 유지해야만 미생물이나 세균 감염을 예방할 수 있다.

따라서 지나치게 각질을 벗겨내거나 손상시켜서도 안 되고 산성막의 pH를 깨뜨려서도 안 된다. 산성막이 깨지면 미생물이나 바이러스의 공격에 피부는 완전히 무방비 상태가 되어 감염 위험이 높아진다. 피부 질환이 있는 경우 진피 안으로까지 질환이 퍼질 위험도 있다.

흔히 피부의 건조함을 이야기할 때 '속 땅김'이라는 말을 자주 한다. 속 땅김은 피부 산성막이 손상되었을 때에도 느껴진다. 피부 자체의 보호막인 산성막이 다시 형성되기 전에는 아무리 보습 제품을 발라도 촉촉해지지 않는다. 그리고 두꺼운 피부라도 유분과 수분 손실에 주의해야 한다. 유분과 수분의 손실은 건조함과 함께 가려움증을 일으킨다.

아이들 손은 보들하고 촉촉한데 어머니 손은 건조하고 거칠다. 세월 앞에 장사 없다. 이것이 노화다. 나이가 들어감에 따라 피부는 피지와 땀의 분비가 감소하고, 신진대사가 전반적으로 떨어지면서 불가피하게 점점 더 건조해진다. 나이가 들면서 느끼는 가려움증은, 특별한 병이 없다면 피부 건조가 원인일 가능성이 높다.

어른들은 항상 쓰던 비누의 향기와 더불어 '젊어서부터 쓰던 것'에 대한 추억의 향수가 있어서 세정력이 높은 비누를 선호하는 경향이 있다.

무엇보다 서서히 감각이 둔해짐과 함께 알칼리성 비누를 사용한 후의 느낌이 개운해서일 것이다. 이 개운함이 좋긴 한데 이때 피부의 보호막을 지나치게 닦아내지 않도록 주의해야 한다.

일반적인 세안용으로 널리 쓰이는 비누는 대부분 알칼리성으로 피부막에 자극을 준다. 동시에 온도가 높은 물로 씻으면 피부 산성막이 거의 무장 해제 상태가 된다. 적절한 보습을 즉시 해주지 않으면 건조함을 느끼고, 물기가 다 마르고 나면 가려워지기 시작한다.

특히 나이 많은 어르신들은 노화로 인해 피부 감각이 둔해져서 긁다가 보면 자신도 모르게 피부에 상처를 입히기도 한다. 그리고 잘 회복되지도 않는다. 나이 드신 어르신들이나 피부가 민감한 사람일수록 세정력이 높은 알칼리성 비누나 세안제는 피하고 꼭 보습제를 바르는 것이 좋다. 그리고 피부에 맞는 약산성 비누를 사용하는 것도 좋은 방법이라고 생각한다.

가장 좋은 방법은 보습력이 높은 온천에 자주 다니는 것이다. 특히 노년기에는 온천을 느긋하게 자주 하는 것이 좋다. 지병으로 더 이상 약을 먹기도 어렵고, 균형을 잃기 쉬워 강도 높은 운동을 하기 힘든 어르신들에게 온천은 최적의 효과를 가져다줄 수 있다고 생각한다.

일본이 필사적으로 온천에 매달리는 이면에는 노령 인구의 높은 와병률*을 낮추고자 하는 계산이 있다. 일본은 최장수 국가이지만 서구에 비해 와병률이 높다. 이로 인해 의료 비용이 부담되지만, 삶의 질도 떨어진다. 오랫동안 어르신이 병으로 누워 있다면 누가 즐거워하겠는가. 일본은 그 대안으로 온천을 선택했다. 우리가 온천을 알아야 할 이유가 이처럼 한 가지 더 있는 셈이다.

* 간병으로 누워 지내는 기간이 길어지는 비율

어느 날, 호젓한 온천에서 한 노부부를 만났다. 그 온천은 아는 사람만 다니는 이름나지 않은 명천이었다. 시설도 대단할 것 없는 온천이었는데, 단 한 가지 물이 좋다. 한적한 여탕에서 노부인과 우연히 말을 나누게 되었다. 피부색도 희고 고운데, 연세에 비해 굉장히 건강해 보이는 부인이었다. 온천에 대해서도 비교적 지식이 해박했다.

이야기 끝에 알고 보니 이름만 들으면 아는 화장품 회사의 대표를 지낸 분이었다. 이제는 모든 것을 물려주고 두 분이서 또는 자매들과 좋은 온천을 계절 따라 여행하며 사는 것이 가장 큰 즐거움이라고 한다.

온천을 알고, 자기 몸에 맞는 온천에 다니면서 몸 상태를 잘 유지하고 맛있는 음식 먹으면서, 사는 날까지 건강하게 살면 그게 행복인 것 같다. 여담이지만, 나도 가끔 나이 들면 어느 온천 동네에서 살면 좋을까를 생각해보곤 한다. 아직 결정하진 못했지만.

노화는 아무도 피할 수 없다. 누구나 반드시 그 어르신이 되고야 만다. 피할 수 없다면 즐기라고 하지 않던가.

23 온천의 pH를 확인하자

우리에게도 온천이 많고, 많은 사람이 온천에 간다. 그에 비해 온천은 잘 알려져 있지 않다. 그래서 온천에 관한 오해와 오류가 범람하는 것도 사실이다. 온천을 과학적으로 알면 하나씩 바로잡는 일도 자연히 가능해진다.

온천과 관련한 가장 흔한 오해는 아마도 수소이온 농도를 뜻하는 pH일 것이다.

요즘 온천에 가보면 홍보용이든 정보용이든 어떤 식으로든 pH 정도는 알려준다. 그런데 온천을 운영하는 사람이나 손님이나 모두들 pH 지수가 높을수록, 즉 숫자가 클수록 좋은 온천이라고 단단히 오해하고 있는 것 같다.

어떤 경우에는 수치를 과장해서 홍보하고, 그런 이유로 성분분석표의 원본을 게시하는 것을 꺼리기도 한다. 몰라도 너무 몰라서 벌어지는 일이라 그저 안타까울 따름이다.

결론부터 말하면, pH 지수가 높다고 무조건 좋은 온천은 아니다.

우선 pH부터 알아보자. pHpotential of Hydrogen 또는 power of Hydrogen는 용액의 수소이온H^+ 농도를 나타내는 지수다. 이때 1

기압, 25도의 순수한 물 1리터에 들어 있는 수소이온 약 10^{-7}그램을 기준으로 하며, 0부터 14까지의 값으로 표기한다. 중성의 용액은 7이며, 0에 가까워질수록(수소이온이 많아질수록) 산성이 강하며, 14에 가까워질수록 알칼리성이 강하다.

피부에 가장 자극이 없는 pH는 중성이다. 수돗물 같은 대부분의 물이다. 자극이 없다는 것은 세탁이나 설거지 같은 생활용수로 사용하기에 최적이라는 뜻이기도 하다.

우리 주변에서 주로 접하는 액체의 pH는 다음과 같다.

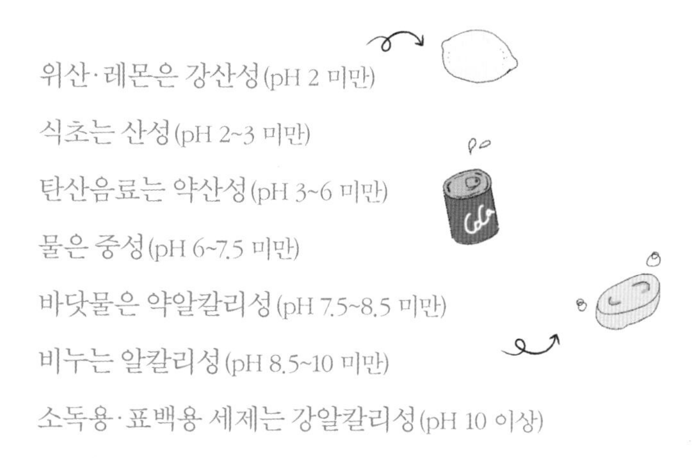

위산·레몬은 강산성(pH 2 미만)

식초는 산성(pH 2~3 미만)

탄산음료는 약산성(pH 3~6 미만)

물은 중성(pH 6~7.5 미만)

바닷물은 약알칼리성(pH 7.5~8.5 미만)

비누는 알칼리성(pH 8.5~10 미만)

소독용·표백용 세제는 강알칼리성(pH 10 이상)

온천도 비슷하다. 온천을 pH에 따라 분류하면 다음과 같다.

산성 온천: pH 2 미만

약산성 온천: pH 3~6 미만

중성 온천: pH 6~7.5 미만

약알칼리성 온천: pH 7.5~8.5 미만

알칼리성 온천: pH 8.5 이상

행정안전부의 『2020 전국 온천 현황』에 따르면, 우리나라 온천의 전국 평균 pH는 8.4이며, pH의 범위는 5.8~10.7에 이른다. 화산 지역이 아니라서 강산성 온천은 없지만, 생각보다 우리나라 온천들의 pH의 범위가 넓고 다양해서 반갑다.

온천이 다양하다는 것은 온천마다 독특한 개성이 있다는 뜻이다. 이런 이유로 다양한 온천욕을 즐길 수 있고 다양한 온천의 혜택을 누릴 수 있다는 것이다. 정말로 다행이고, 고마운 일이 아닐 수 없다.

그런데도 무조건 높은 pH 수치만 내세우는 것은 분명한 오류다. 온천의 효능으로 따져보면 수소이온이 많이 함유된 산성 쪽이 훨씬 특별하다고 할 수 있다.

일반적으로 산성 온천에는 시큼한 맛이 난다. 대체로 탄산천이 산성 쪽으로 기울고 맛을 보면 시큼한 맛이 난다. 흔히 탄산수를 마시면 시큼한 맛이 나는 것과 같다. 알칼리성이 높은 온천은 물맛이 약간 씁쓰레하다. 그러나 온천수는 함께 들어 있는 성분에 따라 여러 가지 맛이 섞인다.

온천의 다양한 pH에 따른 특성 차이를 눈여겨보자. 수소이온이 어떤 효능이 있는지도 알아보자. 그럼 더 이상 숫자에 연연해하지 않게 될 것이다.

24 산성 온천과 알칼리성 온천

산성 온천과 알칼리성 온천에는 어떤 차이가 있을까? 산성 온천은 물을 산성으로 만드는 수소이온 자체가 특수 성분인 온천이다.

다음은 수소를 간결하게 설명한 『면역혁명』(이시형 지음, 매경출판, 2020)의 글이다.

> 수소의 임상 효과에 대한 많은 논문이 있습니다(2020년 기준으로 약 1,500편). 주된 효과는 광범위한 항산화 작용입니다. 일단 수소는 어떠한 부작용도 보고된 바 없는 안전한 물질입니다. 수소를 복용하는 방법은 다양한데, 가스 형태로 흡음吸飮, 마시기, 주사, 목욕 등이 있으며 방법에 관계없이 항산화 효과가 매우 탁월하게 나타납니다. 이외에도 수소는 항염증, 항알러지, 항세포사에 효과가 있고, 에너지 생산을 촉진합니다.

pH 3 미만의 산성 온천은 수소이온 농도 하나만으로도 보양

온천의 반열에 든다.

일반적으로 산성 온천의 특징은 살균 작용이며, 다양한 성분이 풍부하게 들어 있는 염류천이 많다. 따라서 만성피부염 같은 피부병에 좋고 함께 들어 있는 미네랄의 작용으로 보습력이 뛰어나다.

반면 알칼리성 온천은 pH 수치가 아무리 높아도, 즉 pH 숫자가 아무리 커도 보양온천의 기준에 들지 못한다. 이는 온천이 생성되는 과정과 연관이 깊다. 본래의 온천수는 산성 상태에서 암석의 많은 성분을 녹이고 받아들이는데, 지각으로 솟아오르면서 지표수나 다른 물질이 섞여 들어와 알칼리성으로 희석된다고 보기 때문이다.

아직 연구가 더 필요한 주장이지만, pH 수치가 높아질수록 TS총고형물 값이 낮아지고 알칼리성 온천이 많아지는 경향을 볼 때, 상당히 설득력 있는 학설로 받아들여지고 있다.

피부는 pH 5.5 정도의 약산성이며, 산성막이 미생물이나 세균의 번식을 막아 피부를 보호한다. 엄밀히 말하면 산성막은 피부의 표피 자체라기보다는 표피 위를 도포하고 있는 땀과 피지가 혼합되어 형성된 천연 보호 피지막이다. 아주 얇은 기름막인 셈이다. 약산성 온천에서는 이 약산성 피지막의 유실이 적어 목욕 후 눈가 같은 얇은 피부가 빳빳해지는 것이 덜하다.

그러나 우리나라에는 없지만 고농도의 산성천 역시 피부 자극이 강하다. 고농도 산성 온천은 표피를 얇게 태운다. 피부과에서 화학 약품으로 피부의 각질을 벗겨내는 미용 시술 케미컬 필링 chemical peeling과 원리가 같다. 두 번 연달아서 탕에 들어가기 힘든 곳도 있는데, 이런 곳에서 때를 민다는 것은 실제로 어렵다.

일본에는 고농도의 산성 온천들이 있다. 어렵사리 시간을 내서 해외여행도 왔겠다, 일본에서 유명한 온천이라 하니 원 없이 씻어 보리라 마음을 먹는다. 그저 물 좋다는 생각으로 탕에 들어가서 미리 준비한 비누와 때수건으로 보란 듯이 비누 거품을 내어 닦고 때수건으로 때를 시원하게 벗겨낸다. 그러고 나면 피부가 아리고 따가워서 잠을 편히 잘 수가 없다. 당연히 즐거운 여행을 망친다. 일행 중에 이런 사람이 꼭 있다. 온천은 알고 해야 한다. 온천을 몰라서 그런 일을 겪는 것이다.

사람들이 알칼리성 온천을 선호하는 이유는 무엇일까? 알칼리성 물질은 피지와 피부 단백질을 녹이는 성분이 있어 몸을 담그면 미끌미끌한 느낌을 준다. 피부에 닿는 촉감으로는 이 미끌미끌한 느낌이 좋다. 이 촉감을 사람들이 좋아한다.

알칼리성 온천은 피지 단백질과 피부에 묻은 오염물을 깨끗이 씻어내는 데 최적이다. 때문에 알칼리성 온천욕이 온천의 나트륨 같은 성분의 흡수율을 높인다는 보고도 있다. 그리고 개운한 느낌도 좋다. 옛날에는 미끌미끌하고 깨끗하게 잘 씻겨 나가는 물을 최고로 여겼을 것이다. 그때도 씻는다는 것은 위생적 차원에서 몹시 중요했을 것이고, 더구나 지금과 달리 비누가 없었을 시절이니 잘 씻기는 물이 반가울 수밖에.

실제로 과거에 일본인은 한국인에 비해 체구가 작고 육류의 섭취량이 부족했지만, 5세 미만의 영유아 사망률이 우리나라보다 낮았다고 한다. 학자들은 그 이유를 온천에 있다고 보았다. 그런 이유로 식민지 곳곳에서 건강한 노동력의 확보를 위해 목욕을 독려하기도 했다.

그러나 알칼리성 용액도 농도가 높으면, 피부의 각질이 지나치게 녹아 피부 보호막을 얇게 할 수도 있다. 여기에 온천수를 순환해서 쓰려고 소독제나 화학 첨가제를 넣는 경우라면 피부에 손상을 줄 수도 있다.

청소나 소독용으로 쓰이는 소독제는 pH가 13~14 정도의 알칼리성이다. 이러한 용액이 살균제로 쓰이는 원리는 강알칼리성 성분이 세균이나 미생물 박테리아의 단백질을 녹여 죽이기 때문이다. 가정에서는 물론 희석해서 쓰는 것을 권장한다. 희석해서 써도 어쩌다 손에 묻으면 미끌미끌 잘 씻겨 나가지 않고, 손등이 까칠해지는 것도 같은 원리다.

온천에서도 비슷한 경험을 한 번쯤 했을 것이다. 분명히 물 좋고 미끌미끌한 촉감도 좋은 온천욕을 하고 나왔는데, 몸은 개운하고 날아갈 듯 가볍지만, 얼굴이 건조하고 빳빳한 느낌이 들 때가 있다. '물이 나와 안 맞나?'라고 오해도 한다.

이는 온천물 때문이 아니고 너무 지나치게 씻어서 피부 산성막이 손상되었기 때문이다. 이렇게 피부 산성막이 손상되면 서둘러 보습한다고 스킨과 로션을 발라도 평소에 세수하고 발랐을 때와는 달리 곧바로 부드러워지지 않는다.

온천수에 신선한 미네랄이 얼마나 풍부하게 녹아 있느냐, 또는 약산성 피부막의 도포를 도와줄 수 있는 보습 성분이 얼마나 녹아 있느냐가 매우 중요하다. 피부 보습에 도움을 주고, 빠른 시간 안에 손상된 피부 보호막을 재생시키는 것이 좋은 온천수의 기준이 될 수 있다. 따라서 온천수의 pH가 얼마인지, 어떤 화학적 성분이 함유되어 있는지를 아는 것은 매우 중요한 정보다.

분명한 것은 신선한 온천수 자체는 피부에 손상을 주지 않는다는 점이다. 그러나 고농도의 산성 온천이나 알칼리성 온천을 하면서 온열로 약해진 피부에 알록달록 목욕 바구니에 담아온 알칼리성 비누로 강한 자극을 준다면 이야기는 완전히 달라진다. 특히 고농도의 알칼리성 온천을 이용할 때 주의해야 할 점은 비누로 지나치게 씻지 않아야 한다는 것이다.

온천 이야기를 하다 보면, 농담 삼아 일본 사람은 우리가 쓰는 일명 '이태리타올'로 때를 빡빡 벗기지 않는다는 이야기가 자주 입에 오른다. 그런 이유로 온천욕을 해도 찝찝하지 않을까 괜한 걱정을 하는 사람도 있다. 그러나 이는 일본의 온천 성분이 우리와 다른 경우가 많기 때문이기도 하다.

일본 온천에 가면 얇은 소창 수건이 있다. "야아, 이 사람들 참 검소하네. 얇은 수건 쓰는 것 좀 봐라" 한다. 그 소창이 우리나라

때수건과 같은 용도다. 소창은 주로 아기 기저귓감으로 쓰이는 짜임이 성글어 보드랍고 세탁하기 쉬운 위생적인 면직물이다. 그렇게 보드라운 소창으로 얼굴을 살살 닦는 것만으로도 충분한 것이다. 물론 피부가 두꺼운 몸통이나 발뒤꿈치 같은 곳은 시원하게 닦아도 자극이 덜하긴 하다.

그런데 손상된 피부의 산성막은 어떻게 될까? 피부 산성막이 손상되면 인체는 자연 치유력을 발휘해 다시 산성막을 회복시킨다. 피부 보호막이 회복되는 데 보통 2시간 정도 걸린다고 한다. 정도에 따라 더 오래 걸리기도 한다. 땀과 피지가 분비되어야 산성막도 회복된다.

물론 피부에 바르는 기초 제품이 보습을 도와주지만, 피부 자체의 살균력까지 갖춘 산성막과는 비교할 수 없다. 피부를 얕보지 마라. 그래서 무엇보다도 피부의 자연 보호막을 지나치게 훼손하지 않는 목욕에 중점을 두어야 한다. 물로만 씻어도 97퍼센트가 씻겨 나간다고 한다. 온천수처럼 따뜻한 물로 씻는다면 더 말할 것도 없다.

그러나 이와는 별개로 인체에서 분비물이 나오는 곳은 처음 욕장에 들어가자마자 비누칠로 깨끗이 씻어내야만 한다. 공중위생의 가장 기본적인 예절이다. 아니, 이는 누구보다 스스로를 위한 것이다.

25 미인천의 비밀

어느 온천이나 온천욕을 하고 나면 몸이 개운하다. 피부도 보들보들 촉촉해진다. 그런데 온천 중에서도 특별히 피부에 좋은 온천을 일명 '미인천'이라고 한다. 미인천을 알고 미인탕에서 온천욕을 하고 나면 과연 미인이 될 수 있을까?

『온천의 비밀』(『温泉の秘密』, 飯島裕一, 海鳴社, 2017)에 피부에 좋은 온천의 pH와 성분에 관한 내용이 있다.

> 미인탕의 조건은 일단 약알칼리성이고, 나트륨이온과 칼슘이온을 함유하고 있어야 한다. 이 조합이 미인탕의 비밀이다.

이 조건은 피부에 좋다는 일본의 3대 명천을 연구한 결과라고 한다. 이 내용을 굳이 인용한 이유는, 첫째 우리나라에도 이런 성분을 함유한 좋은 온천이 많이 있다는 것을 알리기 위함이고, 둘째 우리 온천은 관심도 받지 못하는데 일본에서는 '미인탕'이라는 별명까지 붙이고 즐기는 것이 배 아파서인지도 모르겠다.

『온천의 비밀』에 따르면, 피부가 예뻐진다는 미인탕의 기준이 되는 pH는 7.5~8.5 정도로 약알칼리성 온천이면 충분하다. 나트륨과 칼슘의 함량도 높지 않은 것 같다. 한마디로 미인탕은 각질이 적당히 떨어져 나가고 또한 적당한 보습 효과도 있는 온천을 말하는 것 같다.

군마온천의학群馬溫泉医学 연구소의 의학박사 구보타 가즈오久保田一雄는 미인탕의 공통된 천질과 화학 성분을 분석해서 가설을 세우고 인공 피부를 각각의 탕에 담그는 실험을 한 후 그 결과를 다음과 같이 요약했다.

> 약알칼리성 온천에서는 피부의 표면에 있는 피지(불포화지방산)와 나트륨이온이 결합하여 비누 같은 물질을 만든다. 그 때문에 미끌미끌하다. 비누처럼 피부의 오염을 떨어뜨리는 청정 작용을 일으킨다. (……) 또 칼슘이온은 피지와 반응해서 칼슘 지방산염을 만든다. 이것이 베이비파우더 같은 작용을 하기 때문에 보송보송한 촉감이 생긴다.(久保田一雄, 『溫泉療法』, 金芳堂, 2006.)

이 같은 특성이 있는 온천에서는 굳이 비누를 쓰지 않아도 온천수 자체가 비누와 같은 작용을 하여 피부를 깨끗하게 해준다는 뜻이다.

이제까지 설명한 온천의 pH에 관한 내용을 총정리하면, 피막을 보호할 수 있는 약산성과 약알칼리성 온천수에 표피를 자극하는 탈각 작용이 있고, 나트륨이 충분하여 미끈하고 보습감도 있으며, 또한 칼슘의 작용으로 뽀송뽀송하기까지 하다면 정말로 금상첨화라 할 수 있다는 것이다.

과연 미인천에서 베이비파우더 같은 작용을 하는 뽀송뽀송한 칼슘 지방산염의 촉감이 어떤 것일까 궁금하다.

이러한 촉감을 고스란히 느낄 수 있는 특별한 온천이 우리나라에도 있다. 풍부하고 신선한 나트륨과 칼슘이 녹아 있어 몸을 담그고 나면 뽀송뽀송한 촉감을 충분히 느낄 수 있는 온천이다. 약산성인데도 탄산의 작용으로 피부의 각질을 벗겨내는 효과 또한 뛰어나다. 이런 온천이야말로 진정한 '피부를 위한 온천'이 아닐까. 충북 충주에 능암 탄산온천이 바로 그곳이다. 이 온천은 탄산가스가 629.49밀리리터나 녹아 있고, 탄산온천 중에는 드물게 온천수의 용출 온도가 높은 편이다.

탄산욕을 하면 탄산의 피부 자극 작용으로 각질이 부드럽게 벗겨지고 혈행이 좋아져서 피부 감촉이 민감해진다. 이때 칼슘 지방산염이 만드는 '베이비파우더의 촉감'을 확실하게 느낄 수 있다. 개운하고 촉촉한데 뽀송뽀송한 그 느낌!

철은 5.6밀리그램으로, 함량이 우리나라에서는 드물게 많지만 굉장히 신선한 상태의 철 성분을 느낄 수 있다. 그리고 탄산과 칼슘이 결합한 칼사이트와 아라고나이트의 결정結晶도 볼 수 있는 매우 희귀한 온천이다.

피부가 뽀송뽀송
능암 탄산온천

충북 충주에 있는 능암 탄산온천입니다. 빗길을 뚫고 동도 트기 전, 이른 새벽에 도착했어요. 이렇게 일찍 서둘러 온 것은 신선한 온천이 얼마나 화학적인 존재인지 확실하게 보여드리고 싶어서입니다.

능암 탄산온천 입구

능암 탄산온천은 온천수가 얼마나 화학적인 물인지 그 변화를 직접 볼 수 있다는 점에서도 특별한 온천이에요. 그 이유는 온천수에 녹아 있는 여러 성분이 우리 눈으로 화학적 변화를 잘 볼 수 있게 색상의 변화로 나타나기 때문이지요.

능암 탄산온천의 기본 자료를 보면, 탄산가스와 탄산이온 농도가 높은 탄산천임이 한눈에 드러납니다. 탄산가스가 629.49밀리리터나 되거든요.

『한국의 온천』에 따르면, 능암 온천의 기반암은 화강암체이며 탄산가스는 지구 심부에서 유래한 것이라고 해요. 지온계로 측정한 지하 심부의 탄산수 저장소의 온도는 117~195도이고, 실제로 솟아나오는 물의 온도는 19.5~32.8도로 탄산온천치고는 굉장히 높은 편이에요. pH는 5.7~6.3 정도입니다.

KIGAM 한국지질자원연구원
대전광역시 유성구 과학로 124번지
Tel : 042-868-3392. Fax : 042-868-3393

성적서번호 : 120190027A
페이지(2). (총 3)

7. 시험결과

(단위 : mg/L)

성분 \ 시료번호	120190027-001
K	1.79
Na	119
Ca	242
Mg	45.7
SiO_2	90.5
Li	1.18
Sr	1.99
Fe	5.65
Mn	0.40
Cu	<0.03
Pb	<0.03
Zn	<0.02
Al	0.05
F^-	<3.52
Cl^-	13.8
SO_4^{2-}	12.0
TS	1 050
비 고	충청북도 충주시 앙성면 능암리 673번지 능암온천 2호

성분 분석표

이제 성분 분석표를 볼까요? 가장 먼저 TS를 보면 1050밀리그램이며, 기본적으로 성분이 진하네요. 가장 많이 나온 성분은 역시 칼슘입니다. 칼슘이 242밀리그램이나 들어 있어요. 이 많은 양의 칼슘이 온천의 개성으로 나타나는데, 잠시 후에 사진으로 보여드릴게요. 이 칼슘이 탄산이온과 결합하여 탄산칼슘, 칼사이트 결정을 만들어냅니다.

다음으로 나트륨이 119밀리그램, 역시 촉촉하겠지요. 한 가지 더 눈여겨볼 원소는 규소입니다. 이산화규소 SiO_2가 90.5밀리그램이나 되어요. 규소가 녹아 있는 온천은 많아도 이렇게 많은 곳은 드물어요.

마그네슘은 45.7밀리그램이나 됩니다. 마그네슘은 본래 해양에 많은 성분이고 잎채소에 많아요. 마그네슘이 많이 들어 있는 온천수는 대체로 녹색을 띠더라고요. 함께 철이온도 들어 있어요. 탄산천에서 철이온은 쉽게 흐려지거나 붉어지는 산화 반응을 보이지요.

그러나 능암 온천에서 철이온은 쉽게 산화되지 않아 붉어지지 않아요. 그 이유는 마그네슘이 지속적으로 철이온에 전자를 공급하여 철이온의 산화를 지연시키기 때문이지요. 이 화학반응을 이용한 것을 음극화 보호법*이라고 해요. 능암 온천은 이와 같은 여러 가지 화학반응을 눈으로 확인할 수 있는 신기한 온천입니다.

* 철보다 반응성이 큰 금속(마그네슘, 아연)을 철에 연결하거나 용접해 녹을 방지하는 방법. 철보다 반응성이 큰 금속이 먼저 산화하면서 만들어진 전자가 철로 이동하고, 전자를 공급받은 철은 산화되지 않아 녹슬지 않는다.

능암 탄산온천의 성분 조합이 굉장히 독특해요. 온천을 수없이 많이 다녀봤어도 이런 조합은 참 희귀하다 싶어요. 거의 완벽에 가까운 피부를 위한 온천이지요.

일단 탄산이 표피에 작용해 각질을 벗겨내요. pH가 약산성에서 중성 범위로 피부에 자극이 없고, 피지 단백질과 결합해 피부를 미끄럽게 하는 나트륨, 베이비파우더 같은 촉감을 주는 칼슘 그리고 천연 린스 같은 규소에 향기로운 철분까지 있으니까요.

녹색이 매력적인 탄산탕

생동감 넘치는 탄산온천에 들어가 볼까요? 이제 막 솟아오른 탄산탕의 녹색은 정말 매력적이에요. 앞에서 설명했듯이 마그네슘이 철이온에 전자를 공급하고 있기 때문에 산화가 더디게 일어나서 선명한 녹색을 띱니다. 철이온이 마그네슘과 규소와 함께 녹아 있을 때 볼 수 있어요.

철이온이 용출공에서 나와 공기 중의 산소와 산화 반응을 시작한 아주 신선한 상태입니다. 철은 자연에서 산소와 접촉하면 보통 붉은 빛을 띠게 되죠. 이 온천에서도 가열된 열탕이나 시간이 좀 더 경과한 후에는 탕의 색이 차츰 붉어집니다.

철분의 향기가 너무 좋아요. 향긋하고 신선합니다. 녹에서 나는 무거운 비린내와는 완전히 다른, 꽃 향기가 나지요.

탄산의 촉감이 너무 자잘하고 가볍군요. 물 위에서 튀어 오르는 탄산을 가만히 봅니다. 인공 탄산탕은 쎄한 느낌이지만, 보들보들 간질

간질합니다. 나트륨이 주는 말랑함도 있어요. 몸을 담그는 순간 황홀한 느낌에 정말정말 웃음밖에 안 나오네요.

탕은 '앗, 차가워' 할 정도로 차갑지는 않아요. 미인천이기도 하지만 동시에 철천이기도 하고 탄산천이기도 해요. 능암 온천에는 우리나라에 하나밖에 없는 따뜻한 탄산탕이 있어요. 물론 온도를 올린 것이지만요. 보통 탄산천은 차갑기 때문에 체온을 유지하려면 뜨거운 맑은 탕에 드나들어야 해요. 그럼 아무래도 성분이 씻겨 나가게 되지요. 여기서는 그런 걱정 없이 완벽한 탄산천을 즐길 수 있어요.

연기처럼 번지는 신선한 철의 오일 성분

이와 함께 온도를 높이는 과정을 거친 철이온의 화학적 변화를, 살아 있는 온천의 싱싱함을 생생하게 눈으로 확인할 수 있지요.

옆의 사진을 자세히 보면 연기처럼 하얀 구름 같은 것이 물속에서 떠올라요. 손등에 발라보면 로션처럼 미끄럽고 보들하고 촉촉해요. 이런 촉감이 신기하네요. 신선한 철분이 가져온 오일 성분입니다. 이렇게 신선한 온천을 만나다니, 너무 고맙고 잠을 줄여 달려온 보람이 있네요.

온탕으로 가볼까요? 아, 따끈한 탄산탕! 정말 좋은데요. 웃음이 살

사진 ①: 왼쪽은 온도를 높인 탄산탕, 오른쪽은 원천수 탄산탕

사진 ②: 철의 산화가 진행되어 붉은빛을 띤 갈색의 탄산탕

며시 나와요. 이런 호사가 다 있구나 싶어서요. 열기에 탄산 자극까지 '와우', 빠르게 몸이 데워져요.

그럼 다시 시원한 원탕, '야아아, 좋구나.'

느낌이 말할 수 없이 좋아요. 꼭 이 신선한 탕을 즐겨 보세요.

사진 ①에서 왼쪽의 진한 녹색은 온도를 높인 탄산 온탕이고 오른쪽의 연한 녹색이 원천수 그대로의 탄산탕이에요. 동시에 솟아나온 신선한 탕이라도 온도가 다르다는 한 가지 이유로 이온 성분이 변하는 것이 눈에 확연히 보일 거예요. 사진 ②는 오후에 철의 산화가 훨씬 더 진행되어 붉은빛을 띤 갈색이 선명한 상태예요.

온천이 얼마나 민감하고 화학적인 물인지 아시겠죠?

아래 사진은 능암 온천의 탕화湯花랍니다. 일본에서는 유노하나湯の華라고 해요. 탕 속에 있던 탄산과 칼슘이 만나 돌처럼 딱딱하게 굳어진 칼사이트이지요. 신기해요. 이런 탕화는 온천 성분이 진하다는 증거와 같아요.

일본의 비탕秘湯들에서는 온천을 수리해야 할 때 유노하나를 다치지 않고 수리할 수 있는 경험 많은 장인匠人을 찾아간대요. 일부러 온천탕 안에 나무 등걸 같은 것을 담가놓고 탕화를 만들어 감상하는 풍류를 즐기기도 하지요. 반면 우리나라에서는 탕화가 있는 것을 꺼림칙하게 여기는 사람도 있다니 인식의 차이가 너무 크네요. 이 또한 온천에 대한 오해가 아닐까요?

탕화(왼쪽). 능암 온천의 칼사이트 결정(가운데).
미네랄 원석으로 수집되고 있는 칼사이트(오른쪽)는 탄산온천의 칼사이트와 매우 비슷하다.

물맛을 볼까요? 물을 마실 수 있는 작은 샘이 있네요. 한잔 시원하게 마십니다. 물맛이 좋아요. 약간 건건하고 약간 달달하고 시큼한 탄산 맛에 철분 냄새가 나는군요. 물에서도 온천에 들어 있는 성분의 맛이 모두 느껴져요.

온천물을 마실 수 있는 작은 샘

마무리로 온천물에 수건을 적셔 닦고 몸이 천천히 마르기를 기다려요. 언제나 마무리는 자연 건조입니다. 몸이 더워서 생각보다 금세 마른답니다.

나트륨이 촉촉하게 해줘요. 그리고 규소가 풍부한 온천에서는 머리카락을 온천물에 헹군 뒤 린스를 하지 말고 온천물을 적신 수건으로 닦고 자연 건조해 보세요. 머릿결이 한결 매끄럽답니다. 아마 온천의 힘에 깜짝 놀라실 거예요.

온천을 하고 나니 참 개운하네요. 역시 탄산천은 천연의 개운함을 더 느끼게 해주네요. 몸이 사르르 마르고 나면 보송보송한 칼슘의 느낌이 전해져 와요. 자꾸자꾸 팔을 쓰다듬게 되네요. 몸이 촉촉하고 상쾌해요.

능암 탄산 온천, 더 바랄 것이 없어요. 확실히 피부 미인이 되었겠지요?

26 온천의 온열 효과

이제 온천의 효과, 온천이 우리 몸에 직접적으로 어떤 영향을 끼치는지에 대해 본격적으로 알아보자.〔온천의 효과를 다루게 될 26, 27, 28은 『온천소믈리에 텍스트』의 내용을 중심으로 서술했다(遠間和広, 『温泉ソムリエテキスト』, 温泉ソムリエ協会, 2020).〕

온천의 효과에는 크게 물리적 효과와 약리적 효과가 있다. 물리적 효과는 온천의 온도·질량·점성粘性 등 물리적 요인으로 발생하고, 약리적 효과는 각각의 온천의 화학적 성질, 즉 함유 성분에 따라 나타난다. 약리적 효과는 온천마다 각기 다르므로 온천의 공통된 효과라고 할 수 있는 물리적 효과를 먼저 살펴보자.

온천의 물리적 효과에는 온열 작용, 정수압 작용, 부력과 점성 작용이 있다.

온열 작용은 말 그대로 온천의 따스함이 전해져 몸이 따뜻해지면서 나타난다. 열이 전해지면서 혈관(모세혈관)이 확장되어 혈액의 흐름이 좋아진다. 혈액이 온몸 구석구석의 세포에 산소와 영양분을 빠르게 전달하고 세포나 혈관 등에 쌓여 있는 노폐물을 깨끗이 청소한다. 이를 신진대사가 촉진된다고 한다. 이러한 작용으로 면역세포(NK세포)가 활성화되고 면역력 상승에 도움을 준다. 체온이 1도 올라가면 면역력이 세 배나 높아진다고 한다. 반대로 체온이 내려가면 면역력이 급격히 떨어진다.

체온이 상승함에 따라 인체의 체온 조절 기능이 작동하여 슬슬 땀이 나고 갈증이 나기 시작하면 물을 마셔야 한다. 몸속의 수분이 부족해지는 것은 좋지 않다. 수분이 부족하면 혈액이 빽빽해져 혈전이 생기기 쉽고 흐름이 둔화되기 때문이다.

일본의 고급 온천에서 손님을 방으로 안내한 뒤 가장 먼저 차를 내오는 것은 접대이기도 하지만 온천욕을 하기 전에 수분을 공급하여 사고를 예방하려는 이유이기도 하다.

온천욕은 수온에 따라 냉수욕(25도 미만), 저온욕(25~35도 미만), 불감온욕(35~36도), 미온욕(37~39도), 온욕(40~41도), 고온욕(42도 이상)으로 분류되는데, 온열 작용은 수온에 따라 작용하는 범위가 다르다.

불감온욕은 불감온도욕이라고도 하는데, 불감不感 온도란 차가운지 뜨거운지 느껴지지 않는 온도로 거의 체온과 같다. 따라서 혈압과 심장 박동 수(이하 심박수로 표기) 등의 생리 기능의 변화가 없는 온도다. 실제로 온천욕에서 별로 재미가 없는 온도다. 수온이 38도 이상으로 따뜻해져야 몸도 온천의 따뜻함을 느낀다. 심박수와 심장 박출량이 증가하고 이와 더불어 모세혈관·소동맥·정맥이 확장되어 혈액량과 혈류속도가 증가한다.

미온욕은 인체의 변화가 별로 없어 부담도 작다. 그렇다고 작용이 없는 것은 아니다. 미온욕은 부교감신경계에 작용하여 정신적으로 느긋한 상태가 된다. 노약자들에게 적당한 온도이며, 일본에서는 온천의 은혜를 오래 받을 수 있는 온도라고도 한다.

바닥에 잠을 자듯 누워서 온천을 즐기는 침탕寢湯은 주로 미온에 맞춘다. 탕의 깊이가 사람이 반듯하게 누우면 온천물이 찰랑찰랑 몸을 덮을 정도의 얕은 미온탕이라 몸에도 거의 부담이 없다. 기분도 마음도 함께 느긋해진다. 따뜻한 온천수를 이불처럼 덮고 편안하게 누우면 사르르 잠이 온다. 그래서 그곳에는 이런 글귀가 붙어 있다.

"잠을 자지 마세요."

고온욕은 몸을 긴장시킨다. 단백질이 주된 구성 성분인 우리 몸은 열에 약하다. 단백질이 열에 응고되기 때문이다. 그런 만큼 고온욕을 하면 몸에 부담이 생긴다. 체력이 건강하고 상태가 좋더라도 반드시 주의해야 한다.

고온욕은 온열 효과가 높다. 소비되는 칼로리양도 많다. 교감신경계를 긴장시켜 정신적·육체적으로 활발한 상태로 만든다. 몸이 찌뿌드드한 날 아침에 후끈하게 샤워하면 정신이 바짝 드는 것은 교감신경계의 스위치가 켜져서다.

일본에서는 고온욕을 즐기는 인구가 많다. 구사쓰의 지칸유時間湯는 일정 시간에 탕에 들어가는, 오랜 전통의 대표적인 고온욕법이다. 고온욕을 하면 열충격단백질HSP: heat shock protein을 활성화해 손상된 우리 몸의 세포를 재생하는 효과가 있음이 과학적으로 입증되었다. 온천에 내공이 쌓이면 체험해볼 만한 쾌감과 효과가 있다.

온몸이 빠르게 새빨갛게 되는 고온욕은 동맥과 정맥의 피를 엄청 빠른 속도로 바로바로 순환하게 한다. 심박수가 늘어나고 혈류의 흐름도 몹시 빨라진다. 어지럼증이 일어나기도 한다. 고온욕을 하고 난 뒤 충분히 쉬면 몸이 정말 가벼워진다.

그러나 고온욕은 온천 성분의 농도가 아주 옅거나 수질이 좋지 않은 온천, 신선하지 않은 온천에서는 불가능하다. 천질이 받쳐주지 않으면 몸이 더워지기 전에 화상을 입는다. 그런데 제대로 고온욕을 하면 뇌에서 쾌감 호르몬인 베타β 엔도르핀이 분비되기 때문에 중독성이 강하다.

고온욕은 조심해야 하고 경험 없이 함부로 하면 위험하다. 쉴 수 있는 준비까지 충분히 갖춘 상태에서 시작하는 것이 좋다. 그래야 완벽한 효과를 체감할 수 있다. 반드시 세심한 주의를 기울여야 하는 거친 욕법이다.

열기욕으로 체온을 높이는 경우도 마찬가지다. 특히 성분이 강한 온천에서의 고온욕은 성분의 체내 침투압이 높아 피로감을 느끼기 쉽다. 그래서 온천에서 흡수된 성분이 작용할 동안 쉬어야 한다.

고온욕을 하고 나면 주로 냉수욕을 한다. 냉수욕은 고온욕과 같은 부담을 준다. 고온욕과 냉수욕을 번갈아 하면 몸에 큰 부담을 준다는 것을 명심하자. 특히 혈관계에 무리가 와 어지럼증을 느낄 수도 있다. 욕심내지 말고 쉬어가면서 천천히 즐기는 것이 바람직하다.

특히 장거리 온천 여행은 무리하지 않는 일정으로 계획해야 온천의 효과를 얻을 수 있다. 온천 효과는 온천욕을 한 후에 쉬어야 완성된다. 온천 성분이 내 몸에 들어와 화학 작용을 일으키고 생체의 리듬을 좋게 바꿀 동안 몸을 편안하게 해주어야 한다.

그 밖의 온열 작용에는 진통 효과, 말초순환계 개선, 근조직의 유연화, 운동성 향상 등이 있다. 이처럼 온천에서 뜨끈하게 몸을 풀고 나면 아픈 것이 사라지고, 몸도 가벼워지고, 관절도 유연하게 움직이는 것을 체감할 수 있다.

27 온천의 정수압 작용과 디톡스 효과

온천의 물리적 효과 가운데 두 번째로 정수압静水壓 작용이 있다. 한마디로 탕에 들어갔을 때 물이 눌러주는 효과다. 전신 안마의자에 앉으면 몸을 여기저기 눌러주는 것처럼, 온천에 들어가면 물이 몸통 전체를 꽉악 조여준다. 몸의 표면을 누르는 수압으로 온몸에 압력이 가해져 내부의 장기를 자극한다.

다리에는 몸 전체 혈액량의 3분의 1이 모이며, 발이 이 혈액을 심장으로 되돌려 보내는 역할을 한다. 이에 따라 발을 제2의 심장이라고 한다. 하체의 혈액은 땅에서는 중력 때문에 심장까지 올라가는 데 힘이 든다. 그런데 물에서는 수압으로 피부 표면 쪽에 있는 정맥류 모세혈관이 조여지면서 혈액이 심장으로 올라가기 쉬워진다.

하루 종일 서 있거나 걸으면 다리가 퉁퉁 붓기도 한다. 이럴 때 수압 마사지로 온천욕을 하면 다리 정맥의 흐름이 좋아지고 순환 동력이 없는 림프액도 정수압의 효과로 좀 더 수월하게 순환한다. 이때 얕은 욕조보다 어느 정도 깊이가 있는 욕조가 더 효과적이다.

온천욕을 하면서 쉬는 동안에 임파선 마사지를 해보자. 겨드랑이나 사타구니를 가볍게 툭툭 치면 처음엔 생각보다 꽤 아프다. '어, 여기가 왜 이렇게 아프지? 피로 물질이 많이 쌓인 건가?' 그러나 온천욕을 마칠 때쯤에는 통증이 사라지고 임파선 부위가 가볍다는 느낌을 받는다. 어려운 것이 아니니까 온천에 가면 시험 삼아 꼭 해보기 바란다.

이것이 온천욕을 하면 얻을 수 있는 디톡스detox 효과다. 이제껏 온천의 흡수에 대해서만 생각했다면 이번에는 반대로 배출에 대해 생각해보자.

디톡스의 핵심은 몸 안의 독소나 노폐물의 배출에 있다. 디톡스를 위해서 특수한 음료를 마시는 것보다 신선한 온천욕을 하면서 시원한 생수 한잔 마시는 것은 어떨까?

온천의 디톡스 효과는 또 있다. 온천욕을 하면 온열 효과와 정수압 효과로 이뇨 호르몬이 작동하여 소변을 자주 보게 된다. 이런 이뇨 작용이야말로 진정한 디톡스 효과다. 특히 소변으로 배출되는 요산이 몸에서 나가지 못해 나타나는 통풍 같은 증상에 효과적이다.

온천은 땀으로, 소변으로 시원하게 노폐물을 배출시키는 능력이 있다. 그래서 온천욕을 하고 나면 몸이 확실하게 가볍다.

한편, 수압의 힘으로 빠르게 온몸을 돌고 들어온 정맥들의 혈액을 다시 내보내기 위해서 심장은 열심히 움직인다. 이에 따라

수압이 심장에 부담을 주기도 한다. 때문에 심장이 좋지 않은 사람에게는 낮은 수위의 반신욕을 권장한다.

탕 속에서는 수압에 눌려 괜찮았지만, 탕에서 나오는 순간 심장이 열심히 내보내는 혈액이 확장된 혈관을 타고 하체로 한꺼번에 쏠리면 순간적으로 뇌의 혈액이 부족해져 어지러움을 느껴 균형을 잃고 넘어지기 쉽다. 특히 노약자와 심장병이나 고혈압 환자는 조심해야 한다.

항상 온천에서는 천천히 행동하는 것이 좋다. 아이들이 뭔가에 신이 나서 뛰어다니지만 어지러움을 느끼는 찰나가 위험한 순간이 된다. 그래서 온천에 가면 이렇게 써놓았다.

"뛰지 마세요."

28 온천의 부력과 점성 작용

사람은 항상 자신의 몸무게만큼의 중력에 눌려 산다. 이 중력의 피로에서 벗어날 수는 없을까? 아주 쉬운 방법이 있다. 온천에 가는 것이다.

따스한 온천탕에 들어가면 그 즉시 중력에서 벗어난다. 달나라에 간 우주인처럼 몸이 붕 뜬다. 탕에 들어가서 가슴선까지 물이 차면 체중이 약 3분의 1이 되고, 목까지 차면 10분의 1로 가벼워진다.

몸이 가벼워지는 순간부터 편안하다. 온종일 몸을 지탱하던 뼈와 근육이 무게에서 해방되기 때문이다. 동시에 모든 중력의 부하와 긴장에서 벗어나 여유 있는 상태가 된다. 그것도 아주 따뜻하고 편안하게. 이 순간에 뇌파에서는 편안한 알파α파가 흐른다고 한다.

물속에서는 동작의 움직임이 자유로워진다. 물의 점성 때문에 잘 넘어지지도 않고 작은 동작에도 상대적으로 힘이 많이 들기 때문에 근력을 키우는 데 안전하고 효과적이다. 그래서 재활치료에 수중 트레이닝 등의 수치료水治療가 효과적이다.

온천은 누구에게나 좋지만, 나이 들수록 건강 상태에 적합한 온천욕을 하는 것이 중요하다. 나이가 들면 근력이 떨어져 운동하기가 힘들어진다. 야외에서 가볍게 운동하는 것도 좋지만, 온천에 몸을 담그면 부력으로 관절에 무리가 덜 가고, 균형을 잡는 것도 수월하다. 또한 물의 점성 저항을 이용해서 운동한다면 훨씬 안전하고 쉽게 근력 향상에 도움이 된다. 동시에 온천에 함유된 좋은 미네랄 성분도 흡수할 수 있다.

도쿄 한복판에 있는 리허빌리테이션Rehabilitation 온천은 재활운동을 할 수 있는 온천욕장으로, 입장 연령에 제한을 두어 아이들은 입장시키지 않는다. 성인과 노인 위주의 조용하고 정서적인 온천인 동시에 운동욕장으로 전문가들이 다양한 온열 요법과 즐거운 수중 프로그램을 진행한다. 우리나라에도 이런 온천이 있다면 참 좋겠다. 아마도 머지않아 가능할 것 같다.

서구나 일본에서는 국민 건강·보건에 온천을 적극 이용하고 있다. 특히 일본은 사회가 빠르게 고령사회를 넘어 초고령사회* 로 진입하면서 노령 인구의 간병 기간이 길어지는 와병률이 높아짐에 따라 기하급수적으로 의료 비용이 증가했다. 따라서 이런 의료 비용을 부담하는 것보다는 예방의학 차원에서 온천 이용을 보건적으로 지원하는 것이 전체 의료비의 감소에 도움을 준다는 보고와 함께, 무엇보

* 65세 이상의 인구가 전체 인구의 7퍼센트를 넘으면 고령화사회, 14퍼센트 이상이면 고령사회, 20퍼센트 이상이면 초고령사회로 분류한다. 『2019 세계인구현황 보고서』의 65세 이상 인구 비율을 보면, 한국 15퍼센트, 일본 28퍼센트, 이탈리아 24퍼센트다.

다 온천 이용자들의 만족도가 높다는 점도 크게 작용했다.

우리나라에는 먼 이야기이지만, 많은 비용을 부담하지 않고도 일정 기간 동안 온천 요양을 할 수 있도록 건강보험의 혜택이 늘어난다면 더할 나위 없을 것이다. 풍부한 온천 자원을 이용한 수치료를 보건 차원에서 시행하고 있는 유럽 국가들이 부러울 따름이다.

일본도 이러한 시스템을 정착시키려고 부단하게 노력하고 있다. 일본은 노령 인구의 의료비 지출을 줄이는 것과 동시에 지방 소도시의 온천지에 이런 시설을 마련하여 소멸해가는 지역 경제의 회생까지 도모하는 것을 목표로 하고 있다.

우리나라도 인구는 대도시로 몰리고 지방의 작은 도시는 사라질 위기에 처해 있다. 우리나라에도 방방곡곡에 좋은 온천이 많으니, 이 방법을 모색해보면 좋을 것 같다.

물 좋고 공기 좋은 온천에서 온천욕을 하고, 운동도 하고, 산책도 하고, 휴양도 하고, 또 바닷가의 온천에서는 싱싱한 해산물을 먹고, 산속의 온천에서는 산약초를 먹고, 그렇게 그 지역의 살림살이도 좋아졌으면 좋겠다.

온천수의 부력과 점성 이야기가 너무 멀리 왔다. 온천은 정말 이야깃거리가 풍부한 주제다!

눈부신 황금의 탕
필례온천

오늘은 날이 화창하고 하늘이 맑아요. 산은 여전히 푸른 듯해도 벌써 설악의 공기는 가을이 온 것처럼 선선하군요.

깊은 산속 옹달샘 같은 강원도 인제의 작지만 강한 온천 필례온천을 찾아갑니다. 언제나처럼 아담하고 단정한 모습이 반갑습니다.

탕 문을 여니 연한 흙냄새가 사르르 납니다.

음, 필례온천의 공기에는 뭔가 특별함이 있어요. 어떤 파장이랄까, 진동이 느껴져요. 더러 이런 공기가 감도는 온천들이 있는데, 이 부분은 좀 더 공부가 필요한 것 같아요.

먼저 필례온천의 성분 분석표를 살펴볼까요? 필례온천은 TDS가 무려 4300밀리그램이고, 온천에 녹아 있는 원소의 종류도 굉장히 다양한 특별한 온천입니다. 그래서 필례는 최강 온천입니다.

멋진 노천 온탕이 있으니 물 마중을 깨끗이 하고 바로 나가봅니다.

노천탕도 따뜻합니다. 역시 첫 마디는 '야아, 좋다'입니다.

나무로 짠 탕이 제법 깊어서 어깨까지 잠깁니다. 촉감은 부들부들, 중탄산이 폭발하는 온천입니다.

탄산수소가 4164.8밀리그램이라니 믿어지지 않아요. 그 촉감이 얼마나 가볍고 부드러운지 깜짝 놀라실 거예요. 필례온

번호	성분	수치	비고
1	pH	7.10	현장분석치
2	EC	4,887	현장분석치
3	TDS	4,300	
4	K^{+}	31.2	
5	Na^{+}	1,603	
6	Li^{+}	4.21	
7	Sr^{+2}	1,40	
8	Ca^{+2}	85.5	
9	Mg^{+2}	11.7	
10	Ci^{-}	3.0	
11	F^{-}	0.93	
12	SO_4^{-2}	ND	
13	HCO_3^{-}	4,164.8	현장분석치
14	CO_3^{-7}	4.6	현장분석치
15	Free CO_7	ND	현장분석치
16	H_2S	ND	현장분석치
17	Fe	0.61	
18	SiO_2	79.3	
19	Mn	0.09	
20	NO_3	ND	
21	Cu_3^{-}	ND	
22	PO_4^{2-}	ND	
23	Cr	ND	
24	Cd	ND	
25	Pb	0.02	
26	Zn	0.07	
27	Al	0.04	
28	Ge	7.34	게르마늄
29	대장균	ND	

성분 분석표

천의 pH는 7.1 정도로 중성입니다. 그래도 어마어마한 양의 중탄산이 나와 극강의 미끄러운 촉감을 줍니다. 알알이 공기가 엮어내는 폭신한 부드러움……. 부력이 좋아 더 즐거워요. 온천, 천탕천색이라 너무 행복해요.

물맛은 간간하고, 탄산 맛이 확 납니다. 중탄산이 고농도이니까 탄산천 같은 맛이 나는 거죠. 아주 연하게 철분의 향이 있고 맛은 살짝 쌉쓰름합니다.

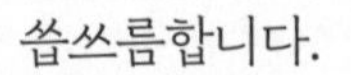

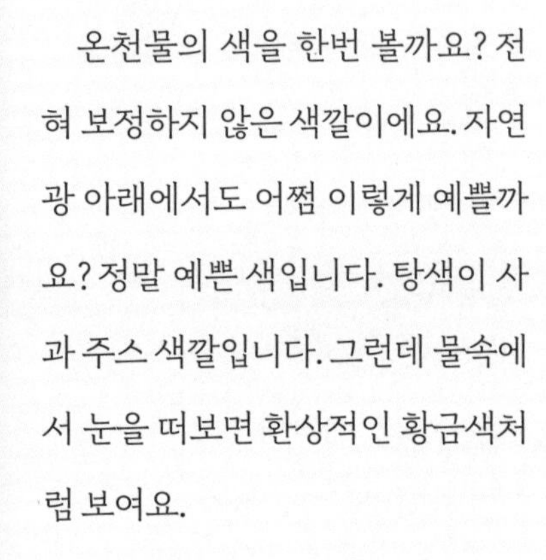

온천물의 색을 한번 볼까요? 전혀 보정하지 않은 색깔이에요. 자연광 아래에서도 어쩜 이렇게 예쁠까요? 정말 예쁜 색입니다. 탕색이 사과 주스 색깔입니다. 그런데 물속에서 눈을 떠보면 환상적인 황금색처럼 보여요.

'어마마, 이럴 수가! 이런 색깔이 다 있네' 싶지요.

환상 속에 빠진 것 같아 물속에서 이리저리 두리번거리니 이내 눈자위가 싸하니 시원해요. 이 쾌감은 알루미늄 덕분이지요. 예전에는 알루미늄을 안과에서 소독약으로 쓰기도 했으니까요.

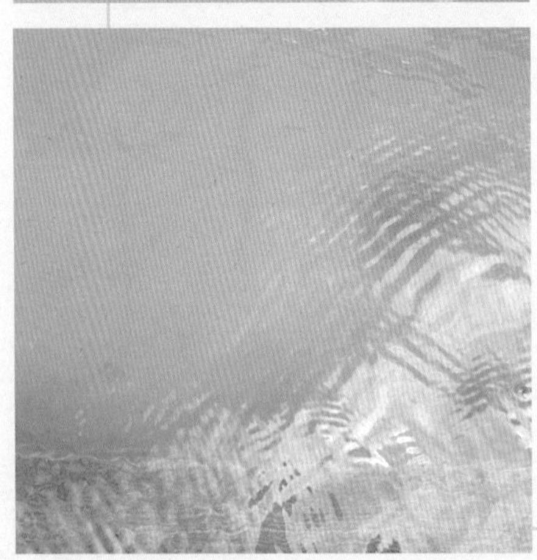

뜨겁고 새로운 온천물이 들어오네요. 와르르 마치 하얀 진주알 같은 공기 방울이 쏟아집니다. 영롱한 진주알 같아요.

'아, 예쁘다, 예쁘다' 하는 사이 몸이 후끈해집니다.

필례온천에는 특이하게 리튬Li, 스트론튬Sr, 게르마늄Ge 같은 희귀한 원소가 많이 들어 있어요. 탄산리튬은 우울증 치료약으로 쓰이고, 마그네슘도 비슷한 작용이 있어 기분을 좋게 해줘요. 그래서 필례온천에 오면 기분이 화사해지는 느낌이 들어요. 나트륨이 1603밀리그램에 스트론튬까지, 따뜻하게 열이 생성되는 온열감이 끝내주지요.

진주알 같은 공기 방울

그럼 시원한 냉탕으로 가볼까요? 냉탕은 고맙게도 온천수를 식힌 냉탕이에요. 보통 온천들에서 냉탕은 지하수로 채우는 곳이 많은데, 30도의 온천수를 식혀서 냉탕을 채우는 일은 온천에 대한 대단한 열정 없이는 하기 힘듭니다. 더러 온천 이용료가 비싸다는 사람도 있지만, 그만한 가치에는 그에 걸맞은 대가를 지불해야 하는 법이지요.

필례온천에서 이 냉탕을 포기한다면 우리는 어디에서 이런 고농도의 온천 냉탕을 만날 수가 있을까요?

밤바다처럼 어두운 냉탕(왼쪽)에 피어난 탄산칼슘의 탕화(오른쪽)

실내의 냉탕은 밤바다처럼 어두워요. 냉탕 역시 온천임을 증명이라도 하듯이 탄산칼슘의 탕화가 존재감을 뿜어냅니다. 냉탕 또한 매우 특별해요. 더러 심장이 얼어붙을 것같이 차가운 냉탕도 있지만, 필례온천은 그 반대입니다. 냉탕에 발을 담그면 그저 '아, 시원하네' 싶은데 금세 몸이 떨리도록 차가워집니다.

냉탕에 몸을 담그고 가만히 물 위를 보면 튀어 오르는 탄산 기포들을 볼 수 있어요. 냉각 방식이 궁금하군요.

필례온천은 이렇듯 사람의 몸을 뜨겁게 데우고 차갑게 식히는 자연적인 능력이 탁월해요. 또 성분이 진하고 침투압이 높아서 몸에 강하게 작용하는 온천이에요. 천성이 유쾌해서 온천욕을 하는 내내 즐거운 기분이 들지만, 온천 후에는 반드시 휴식을 취하는 것이 좋아요. 욕심내어 온천욕을 무리하게 하면 안 되죠.

그렇지만 노천탕은 한 번 더 다녀와야겠어요. 노천탕에 아이처럼 풍덩 들어갑니다.

지구 어머니, 감사합니다. 이렇게 좋은 온천을 우리에게 보내주셔서.

물이 뜨끈뜨끈 시원합니다.

'어으, 좋다.'

노천탕에 누워 하늘을 보니 누가 뭐래도 하늘은 가을 색이 단연 최고입니다. 언제 저렇게 하늘이 높아진 거지? 아무도 못 붙드나 봅니다. 계절이 가고, 인생이 흐르는 것을.

파아란 하늘에 흰 구름이 뭉게뭉게 흘러갑니다. 오늘은 좋은 온천을 만나 행복한 시간이었어요.

다시 실내로 들어가 원천수 샤워기를 틉니다. 좌르르 원천수가 쏟아집니다. 역시 열기가 장난 아닙니다. 몸이 즉시 다시 뜨거워지네요. 아쉬운 마음에 다시 한 모금 맛을 봅니다.

마무리까지 확실히 해야죠. 좋은 온천의 마무리는 온천수로 헹구고 자연 건조시키는 것입니다. 고농도의 중탄산온천이니 피부가 얇은 얼굴에는 비누칠을 아주 살살 하세요. 그리고 온천욕 전후로 얼굴 피부의 느낌을 비교해보세요.

얼굴 표면이 촉촉, 탱탱, 맨들맨들, 피부 결이 달라진 것을 느낄 수 있답니다.

행복한 필례에 또 오겠습니다.

29 용출 성분에 따른 온천의 분류

온천의 약리적 효과는 온천에 들어 있는 성분이 몸에 영향을 끼치는 효과에 관한 것이다. 온천수에 녹아 있는 성분이 인체에 미치는 영향과 작용은 각기 다르므로 온천의 화학적 특성을 파악하는 것이 매우 중요하다.

우리가 온천의 특성을 알고자 할 때 먼저 온천의 성분 분석표를 보면 된다. 성분 분석표야말로 그 온천의 모든 화학적 정보가 담겨 있다. 온천의 성분 분석표에서 양적으로 많이 포함하고 있는 성분 특성에 따라 분류한 것이 바로 천질泉質이다.

우리나라는 온천의 성분에 따른 분류가 아직 공식적으로 마련되지 않은 듯하다. 그러나 온천에 관한 연구가 쌓이면 우리나라에도 온천의 성분과 수준에 맞게 정리할 날이 올 것이다. 아마 머지않아서 온천마다 성분 분석표를 게시하고, 각 온천의 특성이 알려지고, 어떤 증상에 좋고 어떤 증상에 좋지 않은지를 알게 될 날이 올 것이다.

참고로 2014년 최종 개정된 일본의 「온천법」에는 함유된 화학 성분에 따라 온천을 10가지로 분류하고 있다. 단순온천, 염화물천, 탄산수소염천, 황산염천, 이산화탄소천, 함철천, 산성천, 함요오드천, 유황천, 방사능천이다. 이것이 대분류이고 좀 더 자세한 소분류는 73가지 정도다.

이렇게 종류가 많은 것은 온천에 들어 있는 성분이 다양하기 때문이기도 하지만, 온천으로 인정하는 범위가 넓어서이기도 하다. 일본에서는 25도보다 온도가 낮아도 성분이 진하면 온천으로 인정하기 때문에 온천의 종류가 이렇게 많다. 일본 온천에는 성분에 따른 10종류 외에도 특수한 19종의 성분과 용출량을 기준으로 하는 보양온천이 따로 있다.

그럼 우리는 온천의 분류를 어떻게 정리하면 좋을까? 간단하다. 어려울 것 하나 없다. 온천에서 나오는 성분으로 정리하면 가장 정확하다. 어떤 성분이든 농도가 진하면 그에 따른 효과가 나타나기 때문이다.

사실 화학 성분은 온천수가 신선한 상태라면 아주 조금 함유되어 있어도 느낄 수 있다. 우리나라에서 옛날부터 사랑받아온 이름난 온천들은 대부분 용존 함량이 1000밀리그램 미만의 단순천이다. 그러나 이구동성으로 물이 좋다고 칭송하고 사랑해 마지않는 것만 보아도 명확하게 알 수 있다. 몸에 좋은 것을 느끼지 못했다면 교통도 좋지 않은 시절에 심산유곡까지 두 번 다시 찾지도 않았을 테니까!

온천의 분류에 관한 과학적 이론은 『온천소믈리에 텍스트』를 참고했다. 이 책은 일본의 온천소믈리에협회를 창설하고 온천

교육에 전념하고 있는 도마 가즈히로遠間和広, 온천학 박사, 의사, 온천소믈리에 디렉터, 온천 평론가 등 18명의 온천 전문가가 공동 집필한 교육용 교과서다. 물론 일본의 온천을 대상으로 했기 때문에 우리 현실과는 큰 차이가 있으나 과학적 이론은 같다.

이 책에서는 용출 성분의 절대량에 따라 '그 온천만의 온천스러움'이 느껴지는 '기준값'을 정리했는데, 그중에서 우리나라의 온천에 녹아 있는 성분 위주로 간추려 뽑았다.

❶ 나트륨Na^+과 염소Cl^-의 합이 1킬로그램당 1000밀리그램 이상이면, 나트륨-염화물천

❷ 나트륨과 탄산수소염HCO_3^-의 합이 1킬로그램당 2000밀리그램 이상이면, 나트륨-탄산수소염천

❸ 칼슘Ca^+과 마그네슘Mg^+과 탄산수소염의 합이 1킬로그램당 2000밀리그램 이상이면, 칼슘-마그네슘-탄산수소염천

❹ 나트륨과 황산SO_4^{2-}의 합이 1킬로그램당 3000밀리그램 이상이면, 나트륨-황산염천

❺ 칼슘과 황산의 합이 1킬로그램당 1000밀리그램 이상이면, 칼슘-황산염천

❻ 마그네슘과 황산의 합이 1킬로그램당 1000밀리그램 이상이면, 마그네슘- 황산염천

❼ 이산화탄소CO_2 가스 성분이 1킬로그램당 1000밀리그램

이상 나오면, 이산화탄소천

❽ 유황이온HS^-, 삼산화황$S_2O_3^{2-}$과 황화수소H_2S 등 유황의 합이 2밀리그램 이상이면, 유황천

❾ 철이온Fe^{2+}, Fe^{3+}의 합이 10밀리그램 이상이면 철천, 20밀리그램 이상이면 보양온천의 기준이 된다.

❿ 용존 물질의 총량(가스 성분은 제외)이 1000밀리그램 이상이면 보양온천이 되기도 한다. 즉, 어떤 한 가지 특수한 성분이 많이 들어 있지 않아도 다양한 원소들의 합이 1000밀리그램 이상이면 개성이 있는 온천이 된다.

이외에도 고농도 수소이온이 포함된 산성천이나 방사능천, 함알루미늄천, 함동천, 함철천, 함요오드(요오드는 최근 국제 기준 표기에 따라 '아이오딘'으로 바뀌었다)천 등이 있으나, 일본과 우리나라에서는 희귀하다.

이산화탄소천 같은 탄산천의 경우, 일본에서는 원천수의 용출 온도와 상관없이 이산화탄소만 많으면 이산화탄소천으로 인정한다. 그런데 이산화탄소나 유황 가스는 온도가 높을수록 휘발성이 높아 용출 온도가 25도보다 낮은 곳이 많다. 우리나라에서는 온천의 온도 기준인 25도 미만이면 온천으로 인정하지 않아 대부분의 탄산천이 약수, 유황원탕, 광천 등의 이름으로 불린다. 이는 반드시 개선되어야 할 부분이라고 생각한다.

땅속의 열수가 식기 전에 나오면 온천, 식으면 광천이다. 광천

도 성분이 진하고 특별한 곳이 대단히 많다. 성분이 진하다는 것은 특별하게 용출량이 많은 것들의 기준값을 뜻한다. 그 특별히 많은 성분 때문에 독특한 개성을 띤다는 뜻이지, 온천의 질이 크게 차이 난다는 것은 결코 아니다. 실제로 목욕을 해보면 많은 양이 녹아 있지 않더라도 얼마든지 개성이 드러난다. 다만 모르기 때문에 느끼지 못할 뿐이다.

수치에 연연하지 말고 녹아 나오는 성분 위주로, 그리고 함께 있는 성분과의 상승 효과로 온천을 즐긴다면 훨씬 더 다채로운 온천의 즐거움을 누릴 수 있다.

30 온천 성분에 따른 약리 효과

온천의 분류에서 가장 먼저 살필 것이 단순천이다. 단순천은 녹아 있는 물질의 총량이 1000밀리그램 미만인 온천이다. 온천수에 용존 함량이 적어서 효과가 덜하리란 것은 편견일 뿐이다.

몸속에 필요한 미네랄의 양은 종류마다 다르지만 소량이면 충분하다. 미네랄은 사람 몸속에서 필요한 양만큼 쓰이면 나머지는 몸 밖으로 배출된다. 그러니 다양한 이온이 적게 용출되는 온천이어도 충분하다.

단순천일지라도 얼마나 신선한 온천인지가 더 중요하다. 온천의 물리적인 효과가 있고, 온천에 고루 함유된 성분이 자극 없이 몸에 흡수되어 작용하는 것이 단순천이기 때문이다. 모든 온천은 단순천의 효능을 기본으로 하고 있다. 그만큼 중요한 것이 단순천이다.

단순천은 오히려 천질이 부드러워 남녀노소 누구나 함께 즐겨도 좋은 '가족의 탕' 그리고 '모두의 탕'이라고 할 수 있으며 매일 가더라도 몸에 전혀 무리가 없다. 단순천은 우리나라에 가장 흔하고, 고마운 온천이다.

일본에서 법으로 인정한 단순천의 적응증, 곧 효과가 기대되는 증상에는 신경통, 근육통, 관절통, 오십견, 관절 경직, 치질, 냉증, 타박상과 접질림, 만성소화기병, 병후 회복기, 피로 등이 있다.

우리나라에도 옛날부터 유명하고 오랫동안 사랑받아온 온천들은 오히려 단순천인 경우가 더 많다. 덕산온천, 도고온천, 온양온천, 유성온천, 수안보온천, 백암온천, 척산온천, 덕구온천, 이천온천 등의 이름난 온천 대부분이 단순천인 것만 보아도 알 수 있다.

일본의 유명한 구사쓰 주민들도 인근 마을의 단순천으로 온천욕을 다닌다. 매일 고농도의 산성천에서 목욕할 수 없는 노릇이 아닌가. 나 역시 생활 온천으로 아끼는 단순천이 가까운 거리에 여럿 있다. 그날의 기분이나 몸 상태에 따라 가고 싶은 온천이 매번 다르다. 단순천이어도 저마다의 매력이 따로 있기 때문이다.

이제 온천의 개성이 드러나는 특별히 많은 성분을 기준으로 각각의 온천에 어떤 효능이 있는지 살펴보자. 독특한 개성이 있는 온천의 효능은 일본 보양온천의 기준을 참고해 정리했다.

염화물천에는 음이온인 염소에 나트륨, 칼슘, 마그네슘 같은 양이온의 어떻게 섞이느냐에 따라 나트륨-염화물천, 칼슘-염화물천, 마그네슘-염화물천 등으로 세분하기도 하지만 온천의 효능은 비슷하다.

염화물천에 목욕을 하고 나면 피부를 나트륨 막이 감싸서 땀의 증발을 억제하는 효과가 있어 몸이 오랫동안 따뜻하다. 이에 따라 혈행이 좋아지고 신경통과 근육통 등의 통증 완화에 효과가 있다. 나트륨에는 보습제 같은 기능이 있어서 피부가 건조한 경우에 좋다.

혈액 순환이 좋지 않아서 몸이 차갑고 건조한 병약자나 노약자에게 좋은 온천이다. 또 염분은 살균 효과가 있어서 상처 치료를 도와주고, 말초순환장애, 냉증, 우울증, 피부 건조증에도 효과가 있다. 반대로 염분의 제한이 필요한 환자라면 너무 장시간 동안 몸을 담그지 않는 것이 좋다.

우리나라의 온천 가운데 나트륨이 많은 곳을 꼽는다면 부산 해운대온천 2133밀리그램, 강화 석모도 미네랄온천 5260밀리그램 등이며 특히 강릉 금진온천은 1만 밀리그램이나 들어 있는 강염천이다.

탄산수소염천도 함께 들어 있는 양이온의 양에 따라 세분되기도 한다. 나트륨이 많으면 나트륨-탄산수소염천이라 한다. 피부 표면의 각질을 부드럽게 하고, 지방과 분비물 제거에 효과가 크다. 염화물천과 반대로 피부 표면에서 수분이 발산되어 몸을 담갔을 때의 느낌이 시원하고 미백 효과가 있다. 다만 지나치게 씻으면 건조한 느낌이 들 수도 있다.

칼슘과 마그네슘이 함께 들어 있으면 칼슘-마그네슘-탄산수소염천이라고 한다. 진정 작용이 있어 경련과 염증, 알레르기, 만성피부염 등에 좋다.

황산염천은 칼슘-황산염천, 나트륨-황산염천, 마그네슘-황산염천으로 나누기도 한다. 온천의 기본 적응증에 더해 황산염천 효능의 기본은 대부분 황산이온에 근거한다. 체내에 흡수된 황산이온은 무코muco다당류와 결합해 결합조직과 연골의 성분이 된다. 그중 콘드로이틴 황산은 연골, 힘줄, 혈관벽 등의 구성성분이 되어 관절에 좋다.

특히 황산염천은 죽상동맥경화증을 예방할 수 있다는 것이 임상실험으로 증명되었다. 죽상동맥경화증은 혈관벽에 가라앉은 콜레스테롤이 들러붙어 동맥이 좁아지면서 탄력을 잃어 혈류 장애가 나타나는 현상이다.

요즘은 누구라도 여러 가지 이유로 혈관 걱정을 할 텐데, 황산염천에 자주 가면 걱정을 덜 수 있다. 특히나 황산이온은 온천욕으로 흡수되기 쉬운 성분이다. 유황이 수소와 결합한 유황천에 비해 유황이 산소와 반응한 황산염천은 성분이 안정되어 있어 신체에 자극이 별로 없고 효능이 좋다고 할 수 있다.

칼슘-황산염천은 칼슘의 진정 효과가 높아 예로부터 '상처의 탕' 또는 뇌졸중이나 중풍에 좋은 탕으로 이용되었다. 나트륨-황산염천은 보온 작용으로 만성관절염과 류머티즘에 좋다. 마그네슘-황산염천은 혈압을 낮추는 데 효과가 있다. 경북 영천의 사일온천, 강원도 강릉의 금진온천 등에 황산염 성분이 많다.

유황천도 성분이 강하고 효과가 확실하다. 황화수소는 피부에서 직접 흡수되어 혈관 확장 작용이 뛰어나고, 보온 효과도 있다. 고혈압에 좋고 대사장애에서 비롯된 만성질환에 좋다. 유황이 지닌 강한 살균력은 온천에서 나와도 장시간 지속된다. 따라서 아크네여드름균 같은 기생균이 일으키는 피부 질환에 특효다.

또한 해독 작용에도 효과가 있어 간장의 해독과 신장의 필터 기능에 큰 역할을 하기도 한다. 황산이 포함된 아미노산에는 엘시스테인L-cysteine이 있는데, 이것은 간 기능을 개선하고 멜라닌을 분해하며 자외선 차단 효과로 미백 효능이 있다. 당뇨병과 동맥경화, 아토피성 피부염에도 좋다.

반면, 고농도의 유황천은 성분이 강한 만큼 인체에도 부담을 준다. 병약자나 고령자는 장시간의 온천욕을 피하고, 온천욕 후에는 반드시 휴식을 취해야 한다. 또 피부와 점막이 약한 사람은 건조한 느낌이 들 수도 있으니 온천욕 후에 맑은 물로 씻어내는 것이 좋다.

유황천에는 달걀 썩는 것 같은 냄새를 풍기는 황화수소가스형과 그렇지 않은 단순 유황형이 있다. 유황천이라고 반드시 유황 냄새가 나는 것은 아니다. 이 역시 온천에 대한 오해 중 하나일 뿐이다. 유황 냄새가 없는 단순 유황천이 있다는 것을 꼭 밝히고 싶다. 유황이온이 수소가스와 결합한 황화수소가스형일 때 달걀이 썩는 듯한 유황 냄새를 풍긴다. 황화수소가스형 유황천은 거담 효과가 있고 혈관 속 농도가 조금만 올라가도 혈관 확장에 작용하여 혈압을 낮춰준다.

유황천은 가스 성분에 영향을 많이 받기 때문에 온도가 낮은 편이다. 우리나라에는 좋은 유황천이 많지만, 온도 기준에 미치지 못해 온천으로 인정받지 못하는 곳이 대부분이다.

이산화탄소천은 피부를 통한 직접 흡수가 빠르다. 탄산 기포가 몸에 달라붙어 '기포의 탕'이라고 한다. 탄산 기포가 표피를 자극하고 흡수되어 모세혈관과 뇌의 세소동맥을 확장시켜 혈액의 흐름을 좋게 하고 신진대사를 촉진한다. 또한 심장박동을 높이지 않고도 혈액 순환을 좋게 하여 고혈압에 좋고 심장이 편안해져서 유럽에서는 심장에 이로운 '심장의 탕'이라고도 한다.

물의 온도가 낮아도 목욕 후에는 몸이 따뜻해진다. 욕탕에서는 별탈이 없지만, 농도가 진한 경우 원천수 토출구吐出口에서 이산화탄소 중독이 일어날 수도 있다.

우리나라에는 온도 기준에 맞는 탄산천으로는 오색 탄산온천과 능암 탄산온천 등이 있다. 비록 온천이라는 이름은 얻지 못해도 고농도의 탄산천이 우리나라의 여러 곳에 있으며, 온천의 효능이 뛰어나 옛날부터 많은 사랑을 받았다.

철천은 향기가 좋고 산화로 물의 색깔이 진해지는 특별한 온천이다. 또 철이온이 피부에 빨리 흡수되고 보온성이 좋은 온천이다. 조혈 작용이 있어 빈혈이나 월경불순, 자궁발육부전, 갱년기장애, 류머티즘 질환에 좋다. 직접 마시면 더 효과가 크지만, 반드시 위생적인 시설에서 이용해야 한다.

철이온 함량이 52.7밀리그램인 강릉의 금진온천이 우리나라에서 철이온 함량이 가장 높다. 이는 일본의 보양온천 기준인 철이온의 총함량 20밀리그램을 훨씬 웃도는 수치다.

그 밖에도 산성천, 방사능천, 함알루미늄천 등이 있으며, 성분에 따라 효능이 다양하다.

지금까지 우리나라의 온천에 비교적 많이 들어 있는 성분들을 중심으로 약리 효과를 정리해보았다. 이렇게 온천을 일반적인 성분에 따라 나누었지만, 온천은 각각의 개성이 강하다.

같은 성분이라 할지라도 pH, 온도, 함께 들어 있는 원소 등에 따라 매우 다른 특색을 보이는 경우가 허다하다. 그래서 온천은 천탕천색千湯千色이다. 때문에 온천 가는 재미가 더 있다.

앞으로 더 많은 연구가 쌓이면 좀 더 정확한 온천의 효과들이 과학적으로 밝혀질 것이다. 그러나 온천의 약리 효과에만 의지하여 병원 진료를 받지 않는다는 것은 터무니없는 행동이다. 병이 있으면 즉시 치료를 받는 것이 우선이다. 그 이후에 또는 그 이전에 심각한 병증이 없을 때 즐기는 것이 온천이다. 또 모든 치료가 끝난 뒤에 온천을 찾을 수는 있다. 온천은 사람에게 그런 역할을 하는 곳이다.

우리나라 전국 곳곳에는 좋은 온천들이 많이 있다. 용출 온도가 낮아서 온천으로 인정되지 않았거나 성분 분석표를 공개하지 않는 등, 이런저런 이유로 수많은 좋은 온천을 모두 알리지 못해 유감이다.

여러 가지 이유가 있겠지만, 성분 분석표를 공개하지 않는 것은 아무래도 성분의 함량 수치에 민감해서인 것 같다. 그러나 이는 온천에 대한 편견이자 뿌리 깊은 오해일 뿐이다.

거듭 말하지만, 성분 분석표의 수치는 높은 함량의 성분이 온천의 개성이 될 수 있고, 몇몇 성분이 필요한 사람에게 특별한 도움이 될 수 있다는 뜻일 뿐이다. 그 자체가 온천 등급이 절대로 아니다. 더구나 미네랄은 몸에서 필요한 양만큼 흡수될 뿐이고 필요하지 않으면 배출되니까, 굳이 어떤 성분에 욕심을 낸다는 것도 한편으로는 어리석은 일이다.

온천은 균형 잡힌 식사와 같다. 편식보다는 고르게 섭취하는 것이 좋다. 물론 고르게 섭취하는 음식이든 온천이든 전제 조건은 신선함이다.

『온천을 제대로 즐기는 교과서』를 쓴 야노 가즈유키 박사의 말처럼 일상생활에서 부족한 미네랄을 온천수에서 공급받으려면 온천수의 신선함부터 먼저 살펴야 한다. 온천에서 가장 중요한 것은 성분 이전에 신선함이라는 뜻이다. 신선한 온천수만이 몸속에 들어와 화학반응에 가담하여 우리 몸을 건강하게 해줄 재료가 풍부하기 때문이다.

아무리 성분 함량이 높은들 풍부한 원소가 온천수 속에 있지 않다면 이 또한 아무 소용없는 일 아닌가!

31
온천의 생명은 신선함

온천의 탄생이 이야기의 시작이었다면, 이제 온천이 생명을 다하는 마무리 지점에 와 있다. 온천은 지구의 깊은 품속에서 머물다가 땅 위로 나와 햇살과 공기와 사람을 만난 뒤, 만들어지는 시간과는 비교도 안 되게 짧디짧은 생을 마친다.

온천의 생명은 신선함이다. 신선한 식품이 몸에 좋은 것처럼 신선한 온천이 몸에 좋은 것은 상식인지도 모른다. 그러나 물만 들여다보고 어떤 것이 신선한 온천인지 바로 알아차리기 어렵다. 물론 온천을 많이 다녀보고 경험치가 쌓이면 촉감으로도 단번에 알 수 있지만, 그보다 과학적인 방법으로 온천의 신선도를 측정할 수 있다.

> 온천수의 성질 중의 하나로 pH와 용존 화학물질 성분과 함께 중요한 것으로 ORP산화환원전위(酸化還元傳電位)가 있다. 온천이 용출한 순간은 신선한 것으로 환원적이지만, 시간이 경과함에 따라 산화적으로 변하고 온천으로서의 질도 떨어진다. 기름도 그렇지만, 물질은 공기 중에서 서서히 산화

되고 분해되어간다. 온천도 지표에 나와서 서서히 산화되고 그와 동반하여 ORP 값이 서서히 올라간다. 이런 산화가 진행되어 가는 것을 온천수의 에이징aging, 老化이라고 한다.(……)

여기서 산화 상태라는 표현이 좀 어렵지만, 전자 부족(온천수에 이온들의 전자가 부족)으로 전자를 빼앗기 쉬운 상태이고, 환원 상태라는 것은 전자 과잉(온천수에 이온들의 전자가 풍부)으로 전자를 내놓기 쉬운 상태라고 말할 수 있다.(佐々木信行, 『温泉の科学』, SB Creative, 2013.)

앞에서 간단히 살펴보았듯이 원자는 핵과 전자로 구성되어 있다. 그중에서 원자는 겉껍질에 있는 전자를 주고받으며 이온결합이나 공유결합 같은 화학반응을 일으킨다.

신선한 온천에는 이렇듯 화학반응에 가담하려는 전자가 풍부하다는 것이다. 쉽게 말해서 신선한 온천에는 아직도 화학반응을 일으키지 않은 이온이 많다는 뜻이다. 이것이 환원 상태의 신선한 온천수다. 이런 전자가 풍부한 원자들이 체내로 흡수되어 몸속에서 필요한 화학반응에 협력하는 것이다.

시간이 지나면서 온천수 속에 이온들이 화학반응을 일으켜 산화되거나 분해되거나 고형물로 침전되고 나면 몸속으로 흡수되는 신선한 이온의 양이 줄어든다. 곧 온천이 산화된 상태다. 이를 온천의 노화라고 한다. 온천 속의 화학 성분은 빠른 속도로 화학반응을 일으키고 가스 성분은 공기 속으로 흩어지거나 산소와 결합해 산화한다.

지금은 노화라는 표현보다 열화劣化라는 표현을 과학적으로 더 많이 쓴다. 열화에는 여러 의미가 있지만, 대체로 서서히 성능이 떨어지는 것을 뜻한다. 비눗물로 치면 물을 받아 처음 세제를 풀어둔 물에는 기름때가 잘 씻겨 나가지만, 많이 더러워진 비눗물에는 더 이상 기름때가 씻겨 나가지 않는 것과 같다.

온천도 그와 다르지 않다. 따라서 온천의 생명은 신선함이다. 때문에 온천수의 신선함을 제일로 치고 온천 마니아는 잠을 줄여서라도 첫 탕에 몸을 담그려고 애쓴다. 경험으로 이미 아는 것이다. 온천수의 신선함을. 그 신선함이 몸에 작용하는 것을 느끼기 때문이다.

일본에서 온천의 신선함은 신앙과 같다. 그래서 '원천수 흘려보내기' 온천을 으뜸으로 치고, 그중에서도 용출공이 바로 욕조 바닥에 있어서 곧바로 원천수가 솟아나오는 온천을 극상으로 친다. 솟아나오는 순간의 신선함을 최고로 인정하는 것이다. 그러나 일본에서도 온전한 원천수 흘려보내기 방식의 온천은 30퍼센트 정도에 지나지 않고, 도심의 굴착 온천이 많아짐에 따라 점점 비중이 낮아지고 있다.

온천수는 용출공에서 솟아나오는 그 순간부터 산화가 시작된다. 사람 몸에 닿기 전 욕조로 끌어들이는 과정부터 온도를 조정하는 모든 과정에서 산화가 진행된다. 만약 온천수를 순환·여과하여 사용한다면 일반적으로 산화가 진행될 수밖에 없다.

여기에 염소 소독 등이 가해지면 온천수는 이미 많은 환원력을 잃게 된다. 더욱이 신선한 새 온천수를 욕조에 들이지 않고 재탕·삼탕 계속 온천수를 순환·여과시키면서 소독약을 넣는다면 그것은 차마 온천이라고 말할 수 없다. 이미 촉감에서도 표시가 난다.

『온천의 과학』에서는 산화가 진행된 온천수에 몸을 담그면, 그 영향으로 피부의 ORP 값이 일시적으로 높아져 피부가 노화한다고 말한다. 반대로 ORP 값이 낮은 신선한 온천수에 몸을 담그면 피부가 싱싱해지고 심신을 젊게 되돌리는 것으로 연결된다고 말한다.

이렇게 온천이 화학적인 것처럼, 우리가 깨닫지 못하고 있을 뿐 사람도 완전히 화학적인 존재이다. 심지어 온천과 사람의 구성 원소도 비슷하다. 온천수에 들어 있는 대부분의 원소는 우리 몸속에 있고 또 몸속으로 들어와 화학반응에 가담한다.

온천수에 몸을 담그는 순간 온천수와 사람 사이에서 무수한 화학반응이 일어난다. 눈에는 보이지 않지만 효과로 느낄 수 있다.

이제 신선한 미네랄을 흡수하기 위해 온천에 간다는 말을 이해할 수 있을 것이다. 몸에 필요한 미네랄을 흡수하기 위해 다양한 미네랄이 가득찬 온천에 간다. 지금 당장 몸에 어떤 미네랄이 필요한지 또는 몇 밀리그램이 부족한지 묻거나 따질 필요도 없다. 풍부하고 신선한 이온의 바다, 온천에 풍덩 몸을 담그기만 하면 된다.

온천! 물이 없어 가는 것도 아니고, 씻을 곳이 없어서 가는 것도 아니다. 집집마다 샤워기가 있고 목욕탕은 지천에 널려 있다. 그래도 그 먼 길을 마다하지 않고 온천에 가는 것은 신선한 화학 반응으로 몸을 건강하게 되돌리려는 원초적인 강렬한 본능 때문이다. 물론 기분 좋은 온천 여행으로 기억되지만 말이다.

이와 관련한 내용의 글은 수도 없이 많다.

『왜 온천은 몸에 좋은가』의 서문에는 이런 글이 있다.

> 온천이 우리의 심신에 효과적이려면 화학적으로 진짜本物, ホンもの이지 않으면 안 된다. 온천의 본질은 그 환원력에 있다. 세포의 녹(산화)을 방지하는 항산화력에 있다. 그와 동시에 정신적인 치료의 효과도 있다.(松田忠德, 『温泉はなぜ体にいいのか』, 平凡社, 2016.)

산화된 체질의 몸을 온천욕으로 환원 체질로 변화시킬 수 있다는 내용이다. 이 책의 저자 마쓰다 다다노리는 의학박사답게 한 권의 책을 온천의 항산화력에 관한 임상 보고서로 가득 채웠다.

신선한 원천수에 몸을 담그는 것이 가장 이상적이다. 그러나 여러 가지 이유로 그리 만만한 일이 아니다. 또한 어려운 상황에서도 신선한 원천수를 최대한 지키고자 애쓰는 온천의 수호자들이 생각보다 참 많다. 하지만 고도로 발달한 과학 사회에서 언제까지 온천 경영자들의 양심에만 원천수의 신선함을 맡겨야 하는지도 의문이다.

물론 좋은 온천에 걸맞은 대가는 반드시 지불해야 한다. 좋은 온천을 신선하고도 쾌적하게 제공한다면 그 또한 얼마든지 가능하다. 좋은 물건이 비싼 것은 시장경제의 기본 원리다.

그리고 무엇보다 이미 온천에 대한 많은 경험으로 좋은 온천을 알아보고, 좋은 온천을 찾아가고, 좋은 성분에 대한 욕구가 높은 소비자가 많아진 것이 우리 온천을 둘러싼 가장 큰 변화라고 할 수 있다.

온천의 생명은 어떤 수준의 pH나 녹아 있는 화학 성분의 수치가 절대 아니다. 온천의 생명은 신선함에 있다. 어떤 고농도의 온천도 신선하지 않다면 신선한 단순천을 결코 이길 수 없다. 마쓰다 다다노리 박사의 말처럼 온천은 화학적으로 '진짜인 것'이어야만 하기 때문이다.

온천은 화학적인 존재이다.

사람도 화학적인 존재이다.

사람과 온천 사이의 화학반응으로 생체 리듬을 바르게 조정하고 건강해지기 위해 우리는 온천욕을 한다. 이것이 온천의 본질이고 인간의 본능이다. 그래서 온천은 신선해야 한다.

땅속에서 솟구치는
덕구온천

경상북도 울진군의 명물 덕구온천입니다. 동해안에 인접한 7번 국도를 달리다 보면 만나는 산 좋고 바다 좋은 곳에 자리 잡은 온천이지요. 해산물이 풍부한 동해와 가깝고 공기 좋은 응봉산 계곡에 위치한 온천이라 옛날부터 많은 사람들의 사랑을 받고 있어요.

덕구온천은 국내에서 거의 유일하다시피한 자분천自噴泉, 스스로 온천수가 뿜어져 나오는 온천이에요. 기반암은 선캄브리아기의 홍제사화강암으로 편마암을 뚫고 들어가 있어요. 화강암반에서 나오는 온천의 일일 용출량은 1953.9세제곱미터*이고, 용출 온도는 42도입니다. 용출량도 어마어마하고 온도도 적당하네요.

*1세제곱미터=1000리터

온천이라 하면 용출 온도가 높을수록 좋다고 하지만, 경영자 입장에서는 42~45도의 온도가 가장 반갑죠. 살짝만 데워도 목욕하기에 딱 적당한 온도가 되니까요. 입욕객들에게도 좋아요. 왜냐하면 인공적인 조작이 적을수록 원천수를 즐길 수 있기 때문이지요.

원천수를 뽑아 올리는 순간 본래 있던 땅속과는 완전히 다른 환경이라 온도나 압력이 확 달라지고 산소와의 접촉으로 빠르게 화학 변화를 일으키거든요. 거기에 온도를 높이면 더욱 화학 변화가 커져요.

때문에 일본과 우리나라에서는 원천수 토출구의 성분을 측정하지만, 온천이 발달된 유럽에서는 입욕객이 사용하는 욕조의 성분을 측정하기도 해요. 아무튼 덕구온천은 많은 용출량과 적정한 용출 온도 덕분에 온천수를 순환하지 않고 이용할 수 있다니, 온천 마니아에겐 이보다 더 반가운 일은 없지요.

그럼, 신선한 원천수를 간직한 온천에 들어가볼까요?

KIGAM 한국지질자원연구원 대전광역시 유성구 과학로 124번지 Tel : 042-868-3392, Fax : 042-868-3393	성적서번호 : 120180297A 페이지(4)/(총 5)	

7. 시험결과

시료번호 / 성 분	120180297-003
K	0.51
Na	43.3
Ca	3.21
Mg	<0.02
SiO_2	36.5
Li	0.08
Sr	0.03
Fe	<0.03
Mn	<0.01
Cu	<0.03
Pb	<0.03
Zn	<0.02
F^-	10.1
Cl^-	4.22
SO_4^{2-}	5.84
TS	200
비 고	경북 울진군 북면 덕구리 산1-3 덕구온천 36호공

성분 분석표

원천수가 콸콸 쏟아지고 있는 탕은 바가지탕입니다. 물의 촉감이 녹진하고 탄산수소의 폭신함이 느껴져요. 활기차고 다정한 물입니다. 물이 보석처럼 맑고 가벼워요.

pH는 8.50으로 미끈한 물이에요. 그리고 탄산수소염 HCO_3이 75.23밀리그램인 탄산수소염천입니다. 나트륨이 43.3밀리그램, 이산화규소가 36.5밀리그램, TS가 200밀리그램이고, 그 밖의 다른 미네랄들도 들어 있어요. 얼핏 보았을 때 수치가 낮아 보이지만, 천만의 말씀이에요. 이 정도의 양으로도 온천이 신선하다면 얼마나 탁월한 느낌을 주는지 덕구온천에서 온천욕을 해보시면 알 수 있어요.

뜨끈한 열탕입니다.

으음, 뜨끈뜨끈합니다. 아, 신선하기도 해요.

열탕 온도가 딱 좋아요. 그리고 물이 미끈미끈해요.

원천수의 탕과 비교해보세요. 온도를 높여 탄산수소가스는 흩어져 날아가고 염소의 농도가 더 높아진 느낌입니다. 그래서 더욱 열탕 쪽의 촉감이 더 매끈합니다. 촉감이 좋아요. 들어가 앉으면 어깨까지 충분히 잠기는 깊이도 몹시 만족스러워요. 어쩜 이렇게 딱 안성맞춤으로 설계했나 싶어요.

온도가 딱 좋고 물의 촉감이 미끈미끈한 열탕

이제야 창밖으로 새벽이 밝아오네요. 탕에 앉아 푸른 새벽을 보니 계절이 바뀌나 싶네요.

열기가 충실해요. 신선한 온천수만이 몸속 깊이 두터운 열기를 끌고 들어올 수 있죠. 몸에 걸리는 정수압과 온몸을 감싸는 열기로 '아, 좋다' 하는 감탄이 절로 나옵니다. 그리고 맑고 뜨거운 물이 쉬지 않고 넘쳐흘러요. 용출량이 실감이 나네요. 순환되지 않는 열탕이라 물이 정말 맑아요. 그리고 감동적으로 신선합니다.

보통 열탕은 고온이라 입욕객의 몸에서 녹아 나오는 피지와 각질 등으로 빨리 더러워지거든요. 그래서 투명도를 유지하기 위해 순환 · 여과를 하죠. 순환 · 여과에는 소독이라는 전제가 반드시 따르고, 불가피하게 온천의 열화劣化를 가져옵니다. 그래서 온천 중에서 일본의 '원천수 흘려보내기'를 으뜸으로 인정하기도 해요. 아무튼 덕구온천은 순환하여 사용하지 않으니 온천물이 신선할 수밖에요.

물 색이 약간 푸릇푸릇한 냉탕

이제 냉탕으로 갈까요?

냉탕은 물 색이 약간 푸릇푸릇하네요. 냉탕, 당연한 말이지만 시원합니다. 아주 시원해요. 냉탕도 물이 좋아요. 냉탕은 지하수를 들인 것이라는데, 워낙 깊은 계곡의 오염 없는 동네인지라 물이 싱싱하게 살아 있어요.

뜨끈한 열탕에 갔다가 다시 시원한 냉탕 갔다가를 무한 반복했어요. 실내 욕장 한편에는 누워서 쉴 수 있는 돌마루도 있어요. 역시 오랫동안 욕장을 운영한 노하우가 있는 것 같아요.

온천에는 반드시 쉬는 곳이 필요해요. 온천욕은 생각 이상으로 칼로리 소모가 많거든요. 신진대사가 활발하게 이루어지는 순간에 몸을 편안하게 해주는 것이 완전한 온천을 하는 법이지요.

이쯤에서 노천의 간이침대로 가보겠습니다. 작은 오두막에 테라스 같아요. 날이 밝았군요.

하아, 이 좋은 공기!!

깨끗한 새벽 공기를 가득히 마셔 봅니다.

노천탕이 아니어도 시원한 산 공기를 마실 수 있는 이런 공간, 참 좋군요.

아, 시원해요.

잠깐 누우니 몸의 열기가 사르르 누그러지고 마음까지 편안하고 조용해져요. 아직 숲은 푸르지만 풀벌레 소리가 가을 가을 합니다.

천탕천색의 온천

참고 문헌

김규한, 『한국의 온천』, 이화여자대학교출판부, 2007.

다케무라 마사하루 지음, 김성훈 옮김, 『만화로 쉽게 배우는 생화학』, 성안당, 2019.

다케쿠니 토모야스 지음, 소재두 옮김, 『한국 온천 이야기』. 논형, 2006.

레이첼 카슨 지음, 김은령 옮김, 『침묵의 봄』, 에코 리브르, 2019.

문상흡 외, 『화학교과서는 살아있다』, 동아시아, 2012.

뱃맨겔리지, F. 지음, 이수령 옮김, 『신비한 물 치료 건강법』, 중앙생활사, 2014.

사마키 다케오 지음, 김정환 옮김, 『재밌어서 밤새 읽는 화학 이야기』, 도서출판 더숲, 2013.

서형, 『철없는 전자와 파란만장한 미토콘드리아 그리고 인류씨 이야기』, 지성사, 2006.

설혜심, 『온천의 문화사』, 한길사, 2001.

손영운, 『손영운의 우리 땅 과학답사기』, 살림, 2017.

얀 쿨먼 외 지음, 방원기 옮김, 『생활속의 생화학』, 라이프사이언스, 2011.

원소주기연구회, 『시끌벅적 화학원소 아파트』, 반니, 2016.

유수진, 『친절한 화학 교과서』, 부키, 2013.

이시형, 『면역혁명』, 매경경제신문사, 2020.

이신화, 『사계절 우리가족 건강여행』, RHK, 2012.

이주문, 『화학으로 바라본 건강세상』, 도서출판 상상나무, 2020.

이지섭, 『광물, 그 호기심의 문을 열다』, 동명사, 2018.

일본온천기후물리의학회 편, 대한온천학회 옮김, 『신온천의학』, 도서출판 한미의학, 2012.

잭 챌리너 지음, 곽영직 옮김, 『118 원소』, 지브레인, 2015.

홍준의 외, 『살아있는 과학교과서 1』, 휴머니스트, 2011.

谷崎勝郎 他 編,『新温泉医学』, 日本温泉気候物理医学会, 2004.

久保田一雄,『温泉療法』, 金芳堂, 2006.

飯島裕一,『温泉の医学』, 講談社, 1998.

————,『温泉の秘密』, 海鳴社, 2017.

西川有司,『温泉の科学_おもしろサイエンス』, 日刊工業新聞社, 2017.

西村進,『温泉科学の最前線』, ナカニシヤ出版, 2004.

石川理夫,『温泉の法則』, 集英社, 2003.

松田忠徳,『温泉力』, 筑摩書房, 2010.

————,『温泉はなぜ体にいいのか』, 平凡社, 2016.

矢野一行,『温泉を真に楽しむ教科書』, 東京図書出版, 2019.

植田理彦,『温泉はなぜ体に良いか』, 講談社, 1991.

信濃孝一,『温泉を知る』, 清廉舎, 2019.

遠間和広,『温泉ソムリエテキスト』, 温泉ソムリエ協会, 2020.

日本温泉科學会,『温泉學入門』, コロナ社, 2016.

日本温泉文化研究会,『温泉をよむ』, 講談社, 2011.

佐々木信行,『温泉の科学』, SB Creative, 2013.